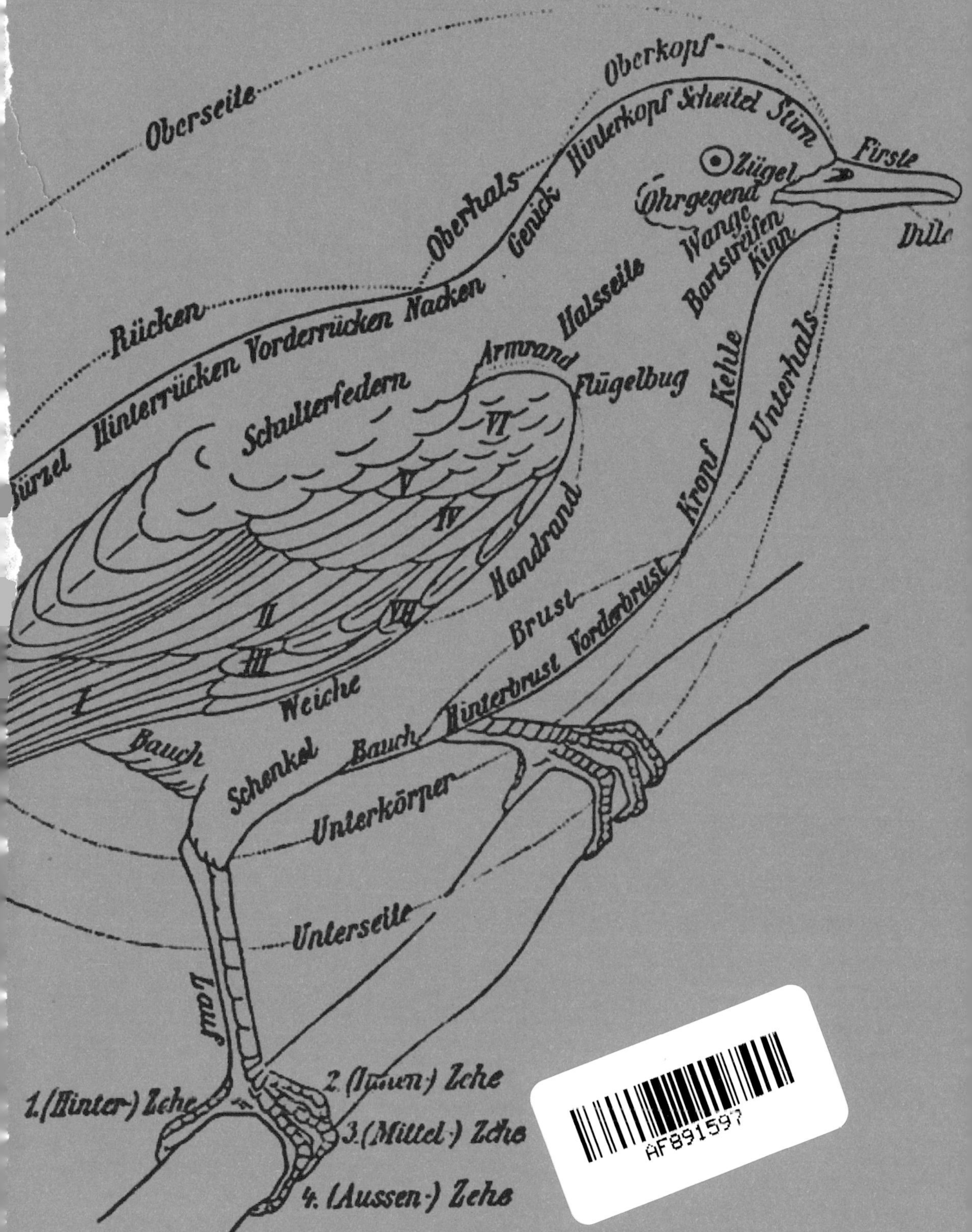

Oberseite
Oberkopf
Hinterkopf
Scheitel
Stirn
Firste
Zügel
Ohrgegend
Wange
Bartstreifen
Kinn
Dille
Oberhals
Genick
Rücken
Hinterrücken
Vorderrücken
Nacken
Halsseite
ürzel
Armrand
Flügelbug
Schulterfedern
Kehle
Unterhals
Kropf
VI
V
IV
Handrand
II
VII
III
I
Brust
Vorderbrust
Hinterbrust
Weiche
Bauch
Bauch
Schenkel
Unterkörper
Unterseite
Lauf
1. (Hinter-) Zehe
2. (Innen-) Zehe
3. (Mittel-) Zehe
4. (Aussen-) Zehe

Naturgeschichte der Vögel Mitteleuropas

1
3
A. G.

Johann Friedrich Naumann

Naturgeschichte der Vögel Mitteleuropas

1897–1905

Eine Auswahl

FAVORITEN PRESSE

Inhalt

Johann Friedrich Naumann in seinem Arbeitszimmer in Ziebigk, o. J.
Lithografie nach einer Fotografie

Johann Friedrich Naumann (1780–1857)
Bauer, Buchautor und Vogelmaler

von Klaus Nottmeyer

Eine Jugend in unendlichem Naturreichtum

Der junge Sohn des Bauern auf dem nahegelegenen Gutshof fror gewaltig, denn Ende März war es bitterkalt geworden. Er schätzte sich glücklich, noch ein Junge zu sein, denn die kleine Hütte, als Versteck am Vogelherd gebaut, konnte einen ausgewachsenen Mann nur schwer fassen. Zweige, Äste, Moos und Grassoden schützten ihn nicht nur vor Wind und Regen, sondern versteckten ihn auch vor den Vögeln, auf die er wartete. Plötzlich rauschte ein Schwarm Drosseln in die künstlich gestutzten Weiden, möglicherweise angelockt von den beiden angeleinten Lockvögeln, die er den Winter über gehegt und gepflegt hatte. Als er genügend Vögel an der richtigen Stelle erahnte, zog er am gut getarnten Seil und die Fangvorrichtung mit dem feinen Netz schnellte hoch. Aufgeregt kroch er aus dem Versteck, um zu sehen, welche Arten er diesmal erwischt hatte.

Diese fiktive Szene spielt an der Elbe bei Ziebigk, einem winzigen Ort in der Nähe von Dessau, heute Sachsen-Anhalt. Vor etwas mehr als 200 Jahren waren Worte wie „Flurbereinigung“ oder „Melioration“ noch absolute Fremdwörter. Der Fluss tat das, was er im 18. Jahrhundert noch (fast ungehindert) tun konnte: Er trat über die Ufer. Bevor die Begradigungen zur Verhinderung von Hochwasser begannen und ab ca. 1815 ihre Wirkung entfalteten, wurde das flache Land kilometerweit unter Wasser gesetzt, mehrmals im Jahr, vor allem im Frühjahr. Für durchziehende Vögel war diese riesige Wasserfläche ein unwiderstehlicher Anziehungspunkt. In heute nicht mehr vorstellbarer Anzahl sind Gänse, Enten, Wat- und Singvögel in Schwärmen eingefallen. Sie machten in der schier unendlich breiten und langen Elb-Aue Rast. Wochen später traten sie gut genährt den Weiterflug in ihre Brutgebiete an, tausende Kilometer entfernt. Die Bewohner der flussnahen Bauernhöfe und Dörfer, damals noch sehr dünn besiedelt, empfanden das Hochwasser als Fluch und Segen zugleich. Ein Hochwasser erschwert vieles, Bewirtschaftung und Fortbewegung – es bedroht sogar Heim und Leben derer, die zu nahe am Fluss gebaut haben. Das Wasser brachte zwar Zerstörung und Missernten, aber auch reichlich Bewässerung und Düngung. Dazu war die Abwechslung auf der Spei-

Johann Friedrich Naumanns „Raubvögelfalle“
Frontispiz der *Naturgeschichte der Vögel Deutschlands*, Bd. III, 1823

sekarte durch die vielen Zugvögel sehr willkommen. Bis ins 20. Jahrhundert hinein waren Vögel, auch Singvögel, ein fester Bestandteil des Speiseplans in ganz Deutschland.

In diesen feuchten Weiten erlebte Johann Friedrich Naumann als unternehmungslustiger Junge das frühe Glück eines Jägers und Sammlers. Er verbrachte seine Jugend umgeben von einem scheinbar unendlichen Reichtum der Natur. Den Fußstapfen seines Vaters folgend, streifte er ungezählte Stunden durch die überschwemmten Wälder, Wiesen und Äcker. Dabei erfuhr er das, was wir heute eine Prägung, eine tief verankerte Bindung nennen würden. Vielfalt und schiere Masse der Vogelarten beeindruckten das Kind und den Jugendlichen so sehr, dass die Leidenschaft für die „schönen Luftbewohner" nicht nur sein ganzes Leben lang andauerte, sondern auch das alles beherrschende Thema seiner Biografie wurde.

In dem erst 1740 gegründeten Vorwerk – einem landwirtschaftlichen Gut außerhalb von Stadtmauern und Befestigungen – bewirtschaftete ein Naumann zu dieser Zeit das Gut Ziebigk in dritter Generation. Johann Andreas Naumann (1744–1826) war ein vielversprechender, intelligenter Schüler, als sein Vater 1759 plötzlich starb. Ohne Schulabschluss und Studium musste der 15-Jährige seiner Mutter bei der Bewirtschaftung des Gutes zur Seite stehen. Sicher auch seiner Jugend, aber vor allem seinem Temperament geschuldet, ging Johann Andreas niemals ohne Flinte auf den Acker. Damit begann er zum einen den Aufbau einer bis heute bekannten Vogelsammlung und begründete zum anderen eine kleine Familien-Dynastie von Ornithologen. Die Naumanns entwickelten über nur zwei Generationen hinweg einen für den deutschen Sprachraum

Johann Friedrich Naumann
Die Vögel in Syrmien (Landschaft zwischen Donau und Save in Serbien/Kroatien), September 1835
Frontispiz der *Naturgeschichte der Vögel Deutschlands*, Bd. VIII, 1836

bis heute unvergleichlichen Einfluss auf die Ornithologie - gleichermaßen für die Zeitgenossen wie für die Nachwelt.

Porträt des Vaters Johann Andreas Naumann, 1818 Frontispiz der *Naturgeschichte der Vögel Deutschlands*, Bd. 1, 1820

Vater und Sohn

Der Vater Naumann hat aber nicht nur Vögel geschossen und gesammelt. Das allein war schon mehr als viele seiner Mitmenschen taten, die nach dem Erlegen des Vogels in den meisten Fällen lediglich den Verzehr im Sinn hatten. Möglicherweise bedingt durch eine intellektuelle Unterforderung als Gutsbewirtschafter in der Provinz, begann Johann Andreas in der freien Natur intensive Beobachtungen anzustellen und über das Erlebte zu „philosophieren". Seine Gedanken schrieb er nieder und veröffentlichte 1791 ein erstaunliches Buch mit dem schönen Titel *Der philosophische Bauer oder Anleitung, die Natur durch Beobachtung und Versuche zu erforschen*. Abgesehen davon, dass der Titel fast wie der Beitrag eines ökologischen Landwirts unserer Tage klingt, zeigt schon die Tatsache der Veröffentlichung, dass hier ein Autodidakt Grundlagen der Biologie erprobte und dokumentierte. Und das bevor diese Wissenschaft überhaupt eine wurde und den entsprechenden Namen bekam. Ein anderer Titel aus seiner Feder lautet herrlich verschraubt: *Der Vogelsteller oder die Kunst allerley Arten von Vögeln sowohl ohne als auch auf dem Vogelheerd bequem und in Menge zu fangen* (...), erschienen 1789.

Um auch die beiden ihm als Vogelforscher wie -jäger nachfolgenden Söhne zu verstehen, muss man die Jagd und das Fallenstellen als eine Methode zum Vogelsammeln betrachten. Wir sehen heute darin einen Widerspruch: einerseits die große Zuneigung zum „schönen Mitgeschöpf" und andererseits die Tätigkeit, diesem Lebewesen durch einen gezielten Schrotschuss den Garaus zu machen. Unsere Ornithologen-Vorfahren sahen und spürten darin keinen Gegensatz. Das Erschießen der Vögel war Mittel zum Zweck. Nicht mehr und nicht weniger? Nun, wer genau hinsieht, bemerkt in den Berichten aus dieser Zeit auch bei scheinbar ausschließlich wissenschaftlich ambitionierten Menschen ein deutliches Jagdfieber, eine Leidenschaft der Aneignung. Das Glücksgefühl der erfolgreichen Jagd beförderte sicher auch die ausdauernde Motivation zum Forschen. In der heutigen Zeit ersetzt die Fotografie die Jagd, sehr zum Vorteil der „gesammelten" Vögel.

Aber was bedeutete damals Forschung und Wissenschaft? Zu Naumanns Zeiten gab es weder Biologe noch Ökologie, geschweige denn Natur- oder Tierschutz.

Porträt Johann Friedrich Naumanns, 1822
Frontispiz der *Naturgeschichte der Vögel Deutschlands*, Bd. 2, 1822

Die Natur erschien vielen Menschen fremd, wenn nicht gar feindlich gesinnt. Man kämpfte nicht für, sondern gegen die Natur. Der Bauer Naumann bestellte die Landschaft und erntete aus der Natur, und zwar das, was er gesät hatte und noch reichlich mehr darüber hinaus. Insofern ist die Einheit von Jagen und Sammeln für das 18. und 19. Jahrhundert nicht ungewöhnlich, sondern eine Selbstverständlichkeit. Und letztendlich waren die Naumanns keine einfachen Bauern, die für ihr Überleben alle Kraft hergeben mussten. Sie waren wohl mehr das, was man später einen „Landjunker" nannte. Die Arbeit auf Feld und Hof ließ Zeit übrig. Außerdem waren die Naumanns extrem fleißig.

Die Erforschung der Natur war zu jener Zeit keine Sache, die man an Universitäten lehrte, geschweige denn dort betrieb. Dieser Umstand bot letztendlich auch eine Chance für die Naumanns, auf diesem Feld reichlich Lorbeeren zu ernten. Noch zu Darwins Zeiten, eine ganze Generation später, waren Naturwissenschaftler, die die ganze Welt bereisten und große Sammlungen anlegten, reine Dilettanten, Laien, Freizeitforscher - Bürgerwissenschaftler, würden wir heute sagen, aber auf hohem Niveau. Oft waren es reiche Männer, die Zeit und Geld hatten, sich ein so teures Hobby zu leisten. Man darf aber nicht dem Irrglauben verfallen, die Herren hätten sich dem süßen Müßiggang hingegeben. Sie waren meist hart arbeitende Privatiers, ständig bemüht, ihre Sammlungen zu erweitern, genauer zu erforschen und darüber „in der Community" zu berichten und zu diskutieren.

Johann Friedrich Naumann war insofern eine Ausnahme von dieser Regel, weil er ja einen „Hauptberuf" hatte. Also musste er alle nicht landwirtschaftlichen Arbeiten „nebenher" erledigen, was bei seinem Pensum, das er schaffte, fast unglaublich scheint. Allerdings hatte er über Jahre hinweg auch einen großzügigen Landesherrn, der ihn unterstützte, ihm Geld und damit Zeit verschaffte. Der Vater hatte damit angefangen, Vögel zu sammeln und darüber zu schreiben. Fast nahtlos ging diese Aufgabe an den Sohn über. Im Gegensatz zu seinem Vater und zu seinem Bruder Carl Andreas (1786-1854), der „Leibjäger" des Herzogs von Anhalt-Köthen und Förster wurde, besaß Johann Friedrich ein besonderes Talent: Er konnte zeichnen. Neben der Präparation der geschossenen Vögel, war die Zeichnung die einzige Möglichkeit, ein dauerhaftes Zeugnis des Erreichten zu bewahren. Wie in der Wissenschaft üblich, ging es in erster Linie um Dokumentation. Schon etliche Jahre vor Naumann war ein anderer begabter junger Deutscher als Zeichner für die Naturforschung von unschätzbarem Wert geworden: Georg Forster (1754–1794) begleitete den Engländer James Cook auf seiner zweiten Weltreise (1772–1775) und schrieb als erst 18-Jähriger Wissenschaftsgeschichte, auch im Bereich der Anthropologie. Noch heute sind die Zeichnungen (und Berichte) Georg Forsters von erstaunlicher Genauigkeit und lebendiger Ausstrahlung.

Bevor sich aber der junge Naumann in diese Richtung weiterentwickelte, um letztendlich zu großem Ruhm zu gelangen, lernte er neben Jagen auch die Landwirtschaft. Wie sein Vater musste er mit 14 Jahren (als wahrscheinlich Ältester) von der Schule gehen und auf dem Hof helfen. Dazu lernte er Präparieren, die etwas ungeliebte Stiefschwester der Zeichnung. Naumann selbst beklagte sich über die schlechte Qualität vieler Präparate – vor allem, wenn er sie mit seinen Beobachtungen in freier Wildbahn verglich. Alles was selbst geschickte Hände nachformten, reichte an die Farbigkeit und Lebendigkeit des wirklichen Vogels nicht heran. Nichtsdestotrotz veröffentliche er unter dem Namen seines Vaters 1815 sein erstes (ihm zugeschriebenes) Buch: *Taxidermie oder die Lehre Thiere aller Klassen am einfachsten und zweckmässigsten für Naturaliensammlungen auszustopfen und aufzubewahren, praktisch bearbeitet.* Ein Standardwerk, das viele Nachdrucke und Auflagen erlebte.

Vierzig Jahre Arbeit an „einem“ Buch

Vater Naumann begann Ende des 18. Jahrhunderts mit seinem größten Werk, der *Naturgeschichte der Land- und Wasservögel des nördlichen Deutschlands und angrenzenden Länder*, das mit 192 Foliotafeln ab 1797 erschien (manche Quellen geben 1795 oder 1800 an). In diesem frühen Werk, das wahrscheinlich schon von beiden Naumanns stammt, folgen Darstellung und Text noch dem Duktus und der Darstellungstechnik des 17. Jahrhunderts. Ein Beispiel: „Die Wintermeve, die dreifingerige meve, der Tarrock, auch Hafmöwe“. Die Abbildungen wurden offenbar nur teilweise vom alten Naumann und ansonsten vom Sohn gezeichnet, der zu dieser Zeit noch ein Jugendlicher war. Man darf sich dieses Werk nicht als ein einziges, heute in einem Arbeitsgang gedrucktes Buch vorstellen, vielmehr wurde es in einer Reihe einzelner Folianten-Bände mühsam hergestellt und meistens an feste Abnehmer in kleiner Zahl verkauft. Schon früh begann Johann Friedrich das Zeichnen der Tafeln zu übernehmen, und er verfeinerte seine Technik immer mehr.

Die damaligen Herausgeber von Vogelbüchern standen vor einem Dilemma. Das Abbilden der Vögel, meist in Zeichnungen und Aquarellen, war nur der erste Schritt. Die Vervielfältigung war das größere Problem und zur Zeit der Naumanns stand nur das Kupferstichverfahren zur Verfügung. Die Qualität der

Vogelabbildungen drohte um die damalige Jahrhundertwende und weit darüber hinaus an zwei Hürden zu scheitern: Zunächst musste ein technisch versierter, kundiger Vogelzeichner gefunden werden – es gab zwar gute Zeichner, aber nur sehr selten waren sie auch gute Vogelkenner. Die zweite Hürde war der Kupferstich. Der Kupferstich war eine (ursprünglich deutsche) Technik aus dem 15. Jahrhundert und wurde mehr und mehr im Buchdruck verwendet. Dieses grafische Tiefdruckverfahren löste den Holzschnitt ab, der vor allem den Nachteil hatte, nur wenige gute Drucke zu ermöglichen. Aber auch mit Kupferplatten konnte jemand wie Naumann nur eine begrenzte Anzahl von Drucken realisieren. Außerdem war das Verfahren des Stechens ungemein zeitaufwändig. Albrecht Dürer (1471–1528) soll für seine berühmten Meisterstiche jeweils mehrere Monate gebraucht haben. Der Kupferstecher musste das Bild auf die Platte Strich für Strich und Punkt für Punkt übertragen, und zwar seitenverkehrt. War ein gutes Vogelbild mit Talent und Sachkunde fertiggestellt, musste es im Prinzip in gleicher fachkundiger Art und Weise weiterverarbeitet, das heißt gestochen werden. Dazu brauchte man einen Kupferstecher, der am besten auch ein guter Vogelkundler war. Es wundert also nicht, dass Johann Friedrich mit den Ergebnissen eines fremden Kupferstechers auf Dauer nicht zufrieden war. Seine Lösung war einfach, aber auch radikal: Er übernahm das Stechen der mehreren hundert Abbildungen selbst. Da diese nun im Gegensatz zu den Vorlagen schwarz-weiß waren, machte sich der junge Naumann zusätzlich die Mühe, alle Abbildungen „mit eigener Hand“, wie es so schön heißt, nachzukolorieren.

Johann Friedrich trat im Laufe der zunächst gemeinsamen Arbeiten ganz in die Fußstapfen seines Vaters. Er baute das vor 1800 begonnene Werk des Vaters aus, und es erschien ab 1820 gewissermaßen in neuem Gewand als *Naturgeschichte der Vögel Deutschlands. Nach eigenen Erfahrungen entworfen.* Die 12 Bände herauszubringen beschäftigte den Naumann-Sohn bis in das Jahr 1844 hinein, das heißt er verbrachte mehr als 40 Jahre seines Lebens mit den beiden *Naturgeschichten*. Der letzte, der 13. Band, erschien erst posthum 1860, drei Jahre nach seinem Tod. Um seinen Vater zu ehren, fungierte die deutlich erweiterte, zweite Ausgabe dennoch unter beiden Autorennamen „Johann Andreas Naumann u. Johann Friedrich Naumann“. Dies diente möglicherweise auch dazu, den schon bekannten Namen des Vaters zu nutzen, um genügend Abonnenten für das Werk zu behalten oder neue zu gewinnen.

Johann Friedrich widmete immense Zeit der Fertigstellung der Bände und reich wurde er damit nicht, im Gegenteil. In den Quellen findet man mehrere Hinweise darauf, dass der Bauer und nebenberufliche Vogelmaler, Autor und Kupferstecher immer knapp bei Kasse war. Da kamen die 2000 Reichstaler recht, die er für die Sammlung seines Vaters (und seine eigenen Ergänzungen) erzielen konnte; Herzog Ferdinand Friedrich von Anhalt-Köthen legte diese beträchtliche Summe Gold 1821 auf den Tisch. Der Verkauf war ein Glücksfall in mehrerlei Hinsicht: Er verhalf dem notorisch schwächelnden Konto des Ornithologen Naumann auf die Sprünge und bewahrte zudem die Sammlung, die sehr prominent und luxuriös aufbewahrt wurde, besser vor möglichem Verlust – im Schloss des Herzogs ist sie heute noch als Teil des Naumann-Museums zu bewundern. Im Bestand des dortigen Museums sind noch neun Kupferplatten erhalten geblieben. Die meisten Platten sind leider verschollen; allerdings hatten die sparsamen Naumanns die Eigenart, bereits verwendetet Platten zu polieren, um sie weiter nutzen zu können.

Johann Friedrich Naumann
Die Schütten (Lummerfelsen) auf Helgoland, 1830
Frontispiz der *Naturgeschichte der Vögel Deutschlands*, Bd. XI, 1842

Diese zweite Ausgabe erregte großes Aufsehen, ein Werk zwar ohne große Auflage, aber mit einer gewaltigen Wirkung. Goethe war voll des Lobes und viele naturwissenschaftlich interessierte Zeitgenossen erkannten die außergewöhnliche Stellung der *Naturgeschichte*. Bis dato war ein solches Werk, gemessen an Umfang und Genauigkeit, in deutscher Sprache nicht erschienen. Viele Leser und Bewunderer lobten und loben die Lebendigkeit und Präzision der Darstellungen, aber auch die wirklich gut lesbare Prosa. Ein besonders schönes Beispiel ist die Schilderung Naumanns zum Gesang eines für viele Menschen völlig unbekannten Vogels, des Sumpfrohrsängers (siehe Abb. S. 40 und 41), den Naumann wunderbar die „Nachtigall der Marschgegenden“ nennt:

„Es besteht aus einer Menge höchst abwechselnder Strophen, wovon viele sanftpfeifend und wirklich flötend sind, manche auch wieder eine täuschende Nachahmung anderer Vogelstimmen zu sein scheinen. Bald flötet die eine Strophe, als wenn sie aus dem Gesange der Drossel entlehnt wäre; bald sind es zwitschernde und schirkende Töne, die auf einmal in hellpfeifende oder sanft lullende, in auf- und absteigende, in kurz abgebrochene oder in geschleifte übergehen; bald folgen Töne, wie aus einem der Gesänge der Garten- oder Mönchgrasmücke erborgt, dann wieder die wiederholt nachgeahmten Lockstimmen der Rauchschwalbe, der Kohlmeise, selbst sperlingsartige Stimmen in dem buntesten Gemisch durcheinander, dass man nicht satt wird, ihm zuzuhören.“ (*Naturgeschichte*, 3. Ausgabe, Bd. II, S. 59)

Zwischen Zweckmäßigkeit und Ästhetik

Johann Friedrich Naumann steht mit seinem Werk zwar im deutschen Sprachraum seiner Zeit allein und besonders da, aber im internationalen Vergleich hat er Gleichgesinnte und Gleichgestellte. Zum Jahrhundertwechsel um 1800 hatte sich ein wahrer Boom an Vogelsammlern entwickelt, es wurde schick, Naturwissenschaft ganz praktisch zu betreiben. Wenn auch auf relativ rustikale Art, denn das Sammeln (sprich: Schießen) stand bei vielen Exponenten dieser erlauchten Gruppe im Vordergrund. Es waren meist adelige oder später gut bürgerliche Herren, die entweder selber jagten oder kauften, wie der schon erwähnte Herzog. Nach dem Erlegen des Vogels folgte das Präparieren und wie jeder halbwegs Eingeweihte weiß, ist das gute Präparieren eines Tieres eine wahre Kunst. Gute Präparatoren waren begehrt und umworben. Allerdings hatte diese Technik mehrere Pferdefüße: Auch guten Präparaten fehlte oft die Ähnlichkeit mit dem Original, weil der Präparator zu wenig über die lebenden Vögel wusste. Haltung, Sitz der Federn, Farbe und Form der nicht befiederten Köperteile – alles muss stimmen und das tat es beileibe nicht immer. Auch heute noch gibt es dabei skurrile Ergebnisse, wenn zum Beispiel unsachgemäße Präparation aus einem Sperlingskauz einen Steinkauz zu machen versucht (dieser Fall ist wirklich passiert!). Ein weiteres, schweres Hemmnis war die Gefahr, dass das Präparat zerfiel, also nicht lange hielt. In vielen Sammlungen dieser Zeit (später auch) machten die nicht umsonst sogenannten Museumskäfer kurzen Prozess mit den wertvollen Exponaten. Dennoch haben viele Sammlungen, sachgerecht untergebracht und sorgsam gepflegt, bis heute überdauert.

Insofern waren die Zeichnung und der Druck ein probates und sehr angesagtes Mittel, die eigene Sammlung und die Erkenntnisse zu präsentieren und zu bewahren. Es entstand eine neue Zunft der „wissenschaftliche Illustratoren“. Ein besonders berühmtes – wahrscheinlich das berühmteste Beispiel bis heute – war der amerikanische Ornithologe John James Audubon (1785–1851), mit französischen und haitianischen Wurzeln. Wie der fast gleichaltrige Naumann war Audubon Jäger und Präparator, wenn auch im Hauptberuf. Wie Naumann hatte er finanzielle Probleme, denn der neue Beruf hatte ganz offensichtlich seine Tücken, und sein Start-up glückte nicht auf Anhieb. Als Audubon allerdings in England seine großformatigen, sehr bunten und lebhaften Bilder zeigte, fand er viele Fans – und einen Verleger. Die Methode von Audubon folgte dem Ziel der wirklichkeitsnahen Darstellung. Er fixierte die geschossenen Tiere mit Drähten und zeichnete sie dann ab. Im Gegensatz zu den Bildern Naumanns waren Audubons Gemälde sehr expressiv. Alle Vögel, die er abbildete, waren in voller Aktion. Das sieht mitunter sehr merkwürdig, sogar bizarr aus, entfaltet aber seinen ganz eigenen Reiz. 1827 bis 1838 erschien in Edinburg sein Werk *Birds of America*, später, erst 1842, folgte die US-amerikanische Ausgabe. Die großformatigen Bilder sind bis heute ein „Verkaufsschlager“, immer wieder erscheinen Bücher mit seinen beinahe schon ikonografischen Vogel-Abbildungen.

Hier wird es nun interessant: Bei Audubon ist die Zuordnung seines Werkes zur Kunst, oder wenigstens zum Kunsthandwerk, bereits zeitgenössisch eine beschlossenen Sache. Wie ist es nun mit den fast 400 Vogelbildern von (Johann Friedrich) Naumann, die er kunstvoll zeichnete, malte und dann noch in Kupfer stach und anschließend kolorierte? In Deutschland tun wir uns bei der Zuordnung von wissenschaftlichen Illustrationen zur Kunst erstaunlich schwer – das höchste der Gefühle ist die Einordnung in das Genre der „Tiermalerei". Im Angelsächsischen heißt es schlicht „Bird Art", zum Beispiel im Standardwerk *Dictionary of the Bird Artists of the World* (Christine E. Jackson, 1999), in dem den Naumanns ein Kapitel gewidmet ist. An sich ist die Tatsache, dass viele der gedruckten Exemplare der *Naturgeschichte der Vögel* zerschnitten wurden, um die Bilder einzeln zu verkaufen, Beweis genug, dass die Illustrationen einen hohen künstlerischen Wert haben. Rückblickend können wir heute sagen, dass Johann Friedrich Naumann ein ausgezeichneter Vogelmaler war. Er zeichnete und malte nach lebendigem Vorbild. Sein Fundament war ein tiefes Verständnis von der Gestalt und Lebensweise der Vögel und seine Vogeldarstellungen erreichten mit der Zeit zunehmende Perfektion. Dazu muss er auch als genialer Techniker bei der Erstellung der Kupferstiche bezeichnet werden. Sich selbst sah Johann Friedrich wahrscheinlich nicht als Künstler, vielmehr verstand er sich als Ornithologe, als Fachmann der Vogelkunde.

Dies wurde deutlich, als Naumann 1843 von einem anderen, sehr bekannten Mann Besuch bekam. Im Land, wo es auch heute (gefühlt) die meisten Ornithologen gibt, im Königreich Großbritannien, lebte der Tierpräparator John Gould (1804–1881). Berühmt wurde er, als er von Charles Darwin (1809–1882) dessen Vogelbälge unter anderem von Galapagos bekam (Bälge werden für wissen-

Der Sing-Schwan
Naturgeschichte der Vögel Mitteleuropas, 1905, Bd. IX, Tafel 19

schaftliche Sammlungen in einheitlicher Form präpariert). Anders als der Begründer der Evolutionslehre entdeckte Gould die auffälligen Unterschiede bei den Finken der Galapagosinseln und beschrieb sie als erster. Er war kein wirklich herausragender Maler oder Zeichner, konnte sich aber auf die Talente anderer stützen. Zunächst war es seine Frau Elizabeth (1804–1841), die exzellent zeichnen konnte und die Bilder für zahlreiche Veröffentlichungen schuf. Unter der Führung von Gould erschien zuerst *The Birds of Europe* (1832–1837), und es folgten viele weitere Werke zur Vogelwelt auch anderer Erdteile, die eine epochale Wirkung entfalteten. Später beschäftigte er mit Joseph Wolf (1820–1899) einen auch heute noch international bekannten, herausragenden Vogelmaler (der im Übrigen aus der Eifel stammte). Bis in unserer Zeit werden die Bücher (meist in Teilen) mit den Bildern von Wolf immer wieder verlegt oder als Postkarten, Poster und ähnliches gedruckt. Der deutsche Ornithologe und Bücherkenner Karl Schulze-Hagen setzte Wolf vor 20 Jahren ein Denkmal mit dem Katalog zu zwei Ausstellungen in Neuburg an der Donau und London (Karl Schulze-Hagen, Armin Geus (Hrsg.): *Joseph Wolf 1820–1899 - Tiermaler*, Marburg 2000).

Nachdem der berühmte Gould abgereist war, beschwerten sich die Freunde des deutschen Vogelkundlers anlässlich eines Zeitungsartikels über den Besuch des Engländers, nicht Gould, sondern eben Naumann sei der „größte Ornithologe Europas“. Naumann wiegelte ab und meinte bescheiden, dass ihm der Platz im Parterre völlig ausreiche. Seine Zeitgenossen sahen das anders, sie überhäuften den Autor der *Naturgeschichte* mit Ehrungen und Professorentiteln. Etliche Vogelnamen tragen den Naumann im wissenschaftlichen Namen, zum Beispiel *Falco naumanni* für den Rötelfalken (siehe Abb. S. 16). Seine bekannten Bilder lassen allzu oft vergessen, dass er ein begnadeter Beobachter und geschliffen formulierender Autor war. Dazu kommt, dass sich Naumann sehr stark machte für eine fachlich fundierte Erforschung der Vögel. Er begründete bereits 1845 eine ornithologische Fachgesellschaft und versammelte gleichgesinnte Gelehrte. Viele nennen ihn auch deswegen den Begründer der modernen Ornithologie in Deutschland. Die erste wissenschaftliche, deutsche Vogelzeitschrift trug den Namen *Naumannia*. Diese Zeitschrift verband sich zwei Jahre nach seinem Tod (1859) unter den Herausge-

Der Rötelfalke
Naturgeschichte der Vögel Mitteleuropas, 1905, Bd. V, Tafel 21

bern Eduard Baldamus (1812–1893) und Jean Louis Cabanis (1816–1906), den führenden deutschen Ornithologen ihrer Zeit, mit dem *Journal für Ornithologie*. Das *Journal* ist heute in seiner englischen Ausgabe die älteste, noch erscheinende zoologische Zeitschrift der Welt.

Die Zeichnungen, die Bücher und ihre Ausgaben

Grundlage des Ruhms beider Naumanns war die Veröffentlichung der *Naturgeschichte der Vögel* (...), die in drei Ausgaben erschien. Zwischen der ersten und der zweiten Ausgabe kann man einen starken qualitativen Sprung erkennen. Die ersten Abbildungen sind noch relativ steif, die Körper der Vögel haben Kanten und Beulen an Stellen, wo sie keine haben sollten. Der fachkundige Vogelbeobachter erkennt darin die Abbildungen von Präparaten, die aus verschiedenen Gründen keine optimalen Vorlagen sind. Mit der zweiten Ausgabe entfaltete der Naumannsohn sein ganzes Talent. Die abgebildeten Vögel sitzen nicht mehr auf einem kurzen Ast oder kleinen Stein, wie es bei einem Präparat die Regel ist. Die Darstellung der Umgebung wurde ausführlich bedacht und dem Lebensraum der jeweiligen Art angepasst. Die Abbildungen sind deutlich farbenfroher und viel lebendiger gestaltet. Dennoch dominiert eine ziemlich einheitliche Stellung der abgebildeten Vögel. Diese Darstellungsform diente vor allem der besseren Vergleichbarkeit. Im 21. Jahrhundert sind Vogelbilder in modernen, umfangreichen Feldführern auch deswegen den Fotos nach wie vor überlegen, weil sie die Arten so nebeneinander zeigen können, dass ein Vergleich optimal möglich ist. In der gemalten, gezeichneten Abbildung können wichtigen Merkmale sogar besonders hervorgehoben werden. Man kann also die zweite Ausgabe der *Naturgeschichte* (1820–1844) als das Meisterwerk Johann Friedrich Naumanns bezeichnen. Unglücklicherweise sind (bis auf neun) alle Originalkupfer-platten verloren gegangen und nur noch selten findet man auf dem Markt ein erhaltenes Exemplar der Publikation mit allen 13 Bänden, meist zu einem sehr hohen Preis. In Antiquariaten werden hingegen immer wieder herausgeschnittene Bilder einzeln zum Verkauf angeboten.

Im vorliegenden Buch sind die Kupferstiche der zweiten und die Lithografien der dritten Ausgabe nebeneinandergestellt. Mit großer Deutlichkeit sieht man die gewaltige Entwicklung vor allem des Buchdrucks innerhalb von ca. 60 Jahre. Die dritte Ausgabe bediente sich der Chromolithografie und erschien 1897 bis 1905, also lange nach dem Tod Naumanns. Unter den vielen Herausgebern, die der Ornithologe Carl Richard Hennicke (1865–1941) bei diesem Publikationsprojekt versammelte, fungierten auch die schon erwähnten E. Baldamus und J. Cabanis. Die Abbildungen, erstellt von mehreren unterschiedlichen Malern, sind viel detaillierter gestaltet und bei Weitem bunter und lebendiger. Sie fußen auf den Abbildungen von Naumann. Es sind Kopien auf hohem Niveau, wobei

Die Stein-Merle
Naturgeschichte der Vögel Mitteleuropas, 1905, Bd. I, Tafel 13

Haltung und Federkleid der Vögel weitgehend der alten Vorlage entsprechen, und zwar der zweiten Ausgabe (siehe z.B. das Rebhuhn, Abb. S. 142 und 143). Die dritte Ausgabe mit dem Titel *Naumann, Naturgeschichte der Vögel Mitteleuropas*, die in erster Linie textlich ein direkter Nachdruck der Naumannschen Arbeiten ist, begründete den breiten Ruhm des Namens Naumanns. Um 1900 kam ein regelrechter Naumann-Hype auf, der letztendlich auch in der Gründung des eigenen Museums im Schloss Köthen gipfelte. Die „modernisierte" Darstellungsweise, der gründliche und gut geschriebene Text und die deutlich höhere Auflage ermöglichten eine weite, populäre Verbreitung der *Naturgeschichte der Vögel Deutschlands*.

Die Lithografien der dritten Ausgabe lassen sich gut vergleichen mit den Bildern in den Büchern von Alfred Brehm (1829–1884), der auch einer Dynastie von Naturforschern entstammt. Der Vater Brehm, Christian Ludwig, lebte von 1784 bis 1864, war also ein Zeitgenosse Johann Friedrich Naumanns. Seine gewaltige Vogelsammlung, auch nach heutigen Maßstäben rein wissenschaftlich angelegt, war nicht nur Studienobjekt für seinen Sohn Alfred, sondern auch für den befreundeten Naumann (Brehm lebte 90 Kilometer südlich von Leipzig, Naumann 70 Kilometer nördlich). Alfred Brehm war es, der das illustrierte Tierbuch populär machte. Die Bilder in seinen Büchern dienten einem anderen Zweck, sie waren gewiss nicht wissenschaftlich motiviert. Sie sollten Staunen erregen und Faszination für die meist exotische Tierwelt wecken. Wie bei den späteren sogenannten „Tierdokus" im Medium Film ging es Brehm mehr um die Dramatik, die fesseln und unterhalten sollte – ganz im Gegensatz zu Naumann, der vor allem dokumentieren und informieren wollte. Ein wenig findet man in den Bildern der dritten Ausgabe der *Naturgeschichte der Vögel* ähnliche, dramatische Momente aus dem Leben der Vögel. Leider kann dabei im Sinne einer weiterentwickelten Ästhetik die fachliche Korrektheit ein Stück verloren gehen. Ein Beispiel mag die Uferschnepfe sein, die im Gegensatz zu der Vorlage einen nach oben gebogenen Schnabel aufweist, was ganz sicher ein Merkmal der nah verwandten Pfuhlschnepfe ist (siehe Abb. S. 172 und 173).

Aber die Nachfolger der Naumanns hatten mit der dritten Ausgabe anderes im Sinn. Sie wollten in erster Linie das Werk der Naumanns weiterleben lassen, was auch ein Blick in den Text der Einleitung beweist. Leben und Werk beider Naumanns werden ausführlich beschrieben und geradezu euphorisch gepriesen. Zugleich folgen die Lithografien in ihrer farbenfrohen Ausführung und der liebevoll gestalteten Darstellung der Lebensräume dem Zeitgeist (siehe z.B. Abb. S. 15 und 18). 50 Jahre nach dem Tod von Johann Friedrich Naumann war der Grundstein für die wissenschaftlich korrekte und fachlich versierte Darstellung der Vogelwelt gelegt. Nun ging es um mehr. Ein weitaus größeres Publikum als noch kurz nach 1800 konnte lesen und sich Bücher leisten, die dazu mittels besser reproduzierbarer Auflagen viel günstiger waren. Dieses Publikum waren nicht nur Fachkollegen oder kongeniale Allround-Genies wie Goethe. Die Faszination der Vogelwelt wurde weitergetragen und erreichte um 1900 eine ungeahnte Anzahl begeisterter Leser. In diesem Sinne ist das vorliegende Buch ein Zeugnis der Publikations-geschichte naturkundlicher Bücher von 1800 bis 2020.

Es würde Vater und Sohn Naumann sicher freuen, wenn sie wüssten, wie wesentlich ihr Lebenswerk für die nachfolgenden Ornithologen-Generationen war. Die aufwendig gestalteten Bücher mit ihren liebevollen, geduldigen und kunstvollen Abbildungen machten darüber hinaus Schule. Sie vermittelten ein besseres Verständnis für die Vielfalt der Natur. Dieses Verständnis kann nur der aufbringen, der die Unterschiede zwischen den Arten erkennt. Dies war das unbestrittene Verdienst von beiden, Johann Andreas und Johann Friedrich Naumann. Das Besondere ist die beinahe schon künstlerische Fähigkeit des Sohnes, die Vögel nicht nur korrekt, sondern auch so anziehend zu gestalten, dass die fast 200 Jahre alten Tafeln bis heute Bestand haben. Und erfolgreiche Nachahmungen und Auflagen erfahren.

Editorische Notiz zum Tafelteil

Die ausgewählten Tafeln und Texte wurden der dritten Ausgabe von Johann Friedrich Naumanns *Naturgeschichte der Vögel Mitteleuropas* (1897–1905) entnommen. Den ganzseitig abgebildeten Lithografien der dritten Ausgabe sind die Kupferstiche der zweiten Ausgabe der *Naturgeschichte der Vögel Deutschlands* (1820–1844) gegenübergestellt. Die Art- und Gattungsbezeichnungen wurden aus den jeweiligen Ausgaben übernommen und in deren Schreibweise beibehalten; dies betrifft auch die Listen der Vogelnamen, bei denen lediglich die Interpunktion angepasst wurde. Der Kolumnentitel gibt die jeweilige Band- und Kapitelbezeichnung (Ordnungs- und Familiennamen) der dritten Ausgabe wieder. Im Register finden sich neben den Naumann-Bezeichnungen auch die heute gebräuchlichen Artbezeichnungen der Vögel.

Die weisse Bachstelze /
Die graue Bachstelze
Bd. III, Tafel 10

Tafelteil

ZWEITE AUSGABE
Tafel 74
Sprosser-Sänger (1)
Nachtigall-Sänger (2)

Tafel I, 3

Der Sprosser

Erithacus philomela (BECHST.)
Fig. 2 Männchen

Der Sprosser, Sprossvogel, grosse Nachtigall, Auennachtigall, Wiener Nachtigall, polnische Nachtigall, Nachphilomele, Nachtsänger, Nachtschläger, schmetternde Grasmücke, graue Nachtigall, Auvogel, ungarische Nachtigall.

Der Nachtigall-Sänger

Erithacus luscinia (L.)
Fig. 1 altes Männchen

Die Nachtigall, gemeine Nachtigall, Waldnachtigall, Berg-, Wasser- oder Gartennachtigall, Tagnachtigall, kleine oder sächsische Nachtigall, rotgelbe Grasmücke, schlagende Grasmücke, Philomele, Dorling, Waldvogel, Rotvogel, rote Nachtigall.

1
2
Bruno Geisler

ZWEITE AUSGABE
Tafel 75
Rotkehlchen-Sänger (1, 2)
Blaukehlchen-Sänger (3–5)

Tafel I, 4

Das Rotkehlchen

Erithacus rubeculus (L.)
Fig. 1 Männchen, Fig. 2 Weibchen, Fig. 3 junger Vogel

Das Rotkehlchen, Rotkelle, Rotbart, Rotkröpfchen, Rotbrüstchen, Rottkröpflein, Rottbrüstlein, Kehlrötchen, Rötelein, Winterrötelein, Waldrötelein, Waldrötchen, rotbrüstiger oder rotkehliger Sänger.

3
2
1

ZWEITE AUSGABE
Tafel 364
Weißsterniges Blaukehlchen (1, 2)
Wolfsches Blaukehlchen (3, 4)

Tafel I, 5

Das weisssternige Blaukehlchen

Erithacus cyaneculus (WOLF)
Fig. 1 altes Männchen
Fig. 2 altes Männchen ohne weissen Stern
Fig. 3 jüngeres Männchen
Fig. 4 Nestjunges
Fig. 5 junger Vogel

Das Blaukehlchen, Blaukehlein, Blaukehlein mit weissgeflecktem Brustlatz, Blaukehle, Bleikehlchen, Blaukröpfel, blaukehliger Sänger, blaukehliger Steinschmätzer, blaues Rotkehlchen, Rotkehlchen von Gibraltar, Spiegelvögelchen, Silbervogel, Wegflecklein, Schildnachtigall, italienische oder ostindische Nachtigall, Nachtigallkönig, Wassernachtigall, Rotschwanz, zweiter Rotschwanz, Halbrotschwanz, Weidenguckerlein, Erdwistel, Karlsvogel, Blaukropf.

1
2
4
3
5

ZWEITE AUSGABE
Tafel 79
Gartenrotschwänzchen, (1, 2)
Hausrotschwänzchen (3, 4)

Tafel I, 6

Der Haus-Rötling

Ruticilla titys (L.)

Fig. 1 altes Männchen, Fig. 2 schwarzes männliches Jugendkleid, Fig. 3 graues männliches Jugendkleid, Fig. 4 Weibchen, Fig. 5 Nestkleid

Hausrötele, Rötling, Stadtrötling, Stadt- oder Hausrotschwanz, Nachtrotschwanz, Hausrotschwänzchen, Stadtrotschwänzchen, Wald- und Steinrotschwänzchen, Waldrotschweif, Rotschwanz, blauer Rotschwanz, schwarzer Rotschwanz, Rotschwänzchen, Rotsterz, Rotstiert, Rotzahl, Rotzagel, Rotzzagel, Sommerrottele, Brandvogel, Schwarzkehlchen, Gartenschwarzkehlchen, Schwarzbrüstchen, schwarzbäuchiger Sänger, schwarzbäuchiger Steinschmätzer, Wistling, Hüting, Saulocker, Saulecker; und in hiesiger Gegend: schwarzer, Haus- oder Pechrotschwanz, Swisdeck.

Der Garten-Rötling

Ruticilla phoenicurus (L.)

Fig. 6 Männchen, Fig. 7 Weibchen, Fig. 8 junger Vogel

Rötling, Hausrötling, Rötlein, Hausrötlein, Baumrötlein, Rotschwanz, Rotschwänzchen, gemeines Rotschwänzchen, Gartenrotschwänzchen, Waldrotschwänzchen, Hausrotschwänzchen, Hausrotschweifel, Waldrotschweifel, Rotstärt, Rotsterz, Rotsterzchen, Rotzahl, Rotzagel, Rotzägel, Rotkehlchen mit schwarzem Kinn, Rotbrüstlein, Rotbäuchlein, Sommerrötele, Schwarzkehlchen, schwarzkehliger Sänger, schwarzkehliger Steinschmätzer, Bienenschnappe, Wüstling, Wistling, Hüting, Saulocker, Fritzchen; in hiesiger Gegend: grauer Rotschwanz, Roter Rotschwaf.

4
6
2
3
1
5
7
8
E. de M.

ZWEITE AUSGABE
Tafel 92
Alpenbraunelle (1)
Bergbraunelle (2)
Heckenbraunelle (3, 4)

Tafel I, 9

Die Heckenbraunelle

Accentor modularis (L.)
Fig. 1 altes Männchen

Braunelle, Braunellichen, Brunellchen, Braunelchen, Prunelle, Prunellert, Prunell- oder Braunellgrasmücke, Heckenflügelvogel, Strauch- und Gesanggrasmücke, graufahle Grasmücke, Wintergrasmücke, schieferbrüstiger Sänger, brauner Fliegenstecher, braunrötlich bunter Fliegenvogel, schön singende Bachstelze, Berg-, Bastard- und Winternachtigall, grosser Zaunkönig oder Zaunschliefer, (Blaukehlchen), Grau- oder Bleikehlchen, Bleikehlchen mit gefleckten Augen, Falkensperling, Zaun- oder Heckensperling, wilder Sperling, Eisensperling, Eisenvogel, Eisenkrämer, Krauthänfling, Tilling, Isserling, Zärde, Zerte, Strohkratzer, Wollentramper; und bei Vogelfängern hiesiger Gegend: Spanier und Speckspanier-Brunelle, Waldspatz, Lässig.

Die Berg-Braunelle

Accentor montanellus (PALL.)
Fig. 2 altes Männchen im Frühjahr

Der sibirische Steinschmätzer, sibirische Braunelle oder sibirischer Flüevogel.

ZWEITE AUSGABE
Tafel 89
Grauer Steinschmätzer (1, 2)
Braunkehliger Wiesenschmätzer (3, 4)

Tafel I, 10

Der graue Steinschmätzer

Saxicola oenanthe (L.)

Fig. 4 Männchen im Sommer, Fig. 5 junger Vogel

Graurückiger, weissschwänziger, grosser oder grösserer Steinschmätzer, Steinschmatzer, Steinquäker, weissschwänziger Steinsänger, Steinschwacker, Steinpatsche, Steinklitsch, Steinkletsche, Steinklatsche, grosser Steinfletschker, Steinpicker, Steinbeisser, Weissschwanz, Weissbürzel, Weisskehlchen, Weisskehlchen mit schwarzen Backen, weissgeschwänzte Bachstelze, gelbrückiger Fliegenschnäpper, gelbbrüstiger Fliegenvogel mit oberhalb weissem Schwanz; in hiesiger Gegend: Steinpicker und Steinfletschker.

Der weissliche Steinschmätzer

Saxicola stapazina (L.)

Fig. 1 Männchen im Sommer

Rotgelber oder rötlicher Steinschmätzer, schwarzkehliger gelber Steinschmätzer, rötliche und weissrückiger Weissschwanz.

Der Ohren-Steinschmätzer

Saxicola aurita TEMM.

Fig. 2 Männchen im Sommer, Fig. 3 junges Weibchen

ZWEITE AUSGABE
Tafel 90
Weißlicher Steinschmätzer (1, 2)
Schwarzkehliger Wiesenschmätzer (3–5)

Tafel I, 12

Der braunkehlige Wiesenschmätzer

Pratincola rubetra (L.)

Fig. 1 Männchen im Sommer, Fig. 2 Weibchen im Sommer

Braunkehliger Steinschmätzer, braunkehliger Steinsänger, kleiner Steinschmätzer, kleiner Steinpicker, Steenpicker, Steinfletsche, Steinpatsche, Gestattenschlager, Rötling, Braunellert, Braunkehlchen, schwarzbraunes Braunkehlchen, braunkehlige Grasmücke, brauner oder bräunlicher Fliegenvogel, Fliegenschnäpper, Fliegenstecher, Fliegenstreckerlein, Nesselfink, Nösselfinke, Pfäffchen, Totenvogel, Kohlvögelchen, Krautlerche; und in der hiesigen Gegend: Krautvogel oder Krautvögelchen.

Der schwarzkehlige Wiesenschmätzer

Pratincola rubicola (L.)

Fig. 3 Männchen im Sommer, Fig. 4 Weibchen im Sommer, Fig. 5 junger Vogel

Steinschmätzer, Steinpicker, kleine Steinklatsche, Schollenhüpfer, schwarzkehliger Steinschmätzer, schwarzkehliger Steinsänger, schwarzkehlige Grasmücke, Schwarzkehlchen, Braunkehlchen, Weisskehlchen, schwarzer und weisser Fliegenschnäpper, schwarzer Fliegenstecher mit weissem Halsring, Christöffl.

ZWEITE AUSGABE
Tafel 71
Schwarzdrossel

Tafel I, 18

Der Schwarz-Drossel

Turdus merula L.

Fig. 1 altes Männchen, Fig. 2 altes Weibchen, Fig. 3 junger Vogel

Amsel, Schwarzamsel, gemeine, schwarze, gemeinschwarze Amsel, Kohlamsel, Amazl, Amselmerle, Merle, Merel, Merlane, Lyster. Die Weibchen und jungen Vögel: Graudrossel, Grauamsel, Stockamsel, Bergamsel, Braumerle, Gälneb; in hiesiger Gegend: Amssel.

Bruno Geisler

ZWEITE AUSGABE
Tafel 66
Misteldrossel (1)
Singdrossel (2)

Tafel I, 26

Die Sing-Drossel

Turdus musicus L.
Fig. 1 altes Männchen

Drossel, Drostel, Drosthel, Durstel, Drustel, Drossig, Drosch, Dröschel, eigentlich sogenannte Droschel, Zippdrossel, Zippe, Ziepdrossel, Sangdrossel, Pfeifdrossel, Weissdrossel, Sommerdrossel, Graagdrossel, kleine Misteldrossel, Weissdrostel, Weiss- oder Sommerdroschl, Sangdruschel, Winter-, Berg-, Zier-, Rot-, Wien- oder Weindrossel, graue oder weinrote Drossel, Weindroschl, Drescherl, Graudrossel, Holtdrossel; hier zu Lande: Zippdurstel oder auch schlechtweg: Drustel.

Die Wacholder-Drossel

Turdus pilaris L.
Fig. 2 altes Männchen

Krammetsdrossel, Krammetsvogel, Krammsvogel, Kranwetsvogel, Kranvitvogel, Kranewitsvogel, Krannabetvogel, Krannabeter, Krannabet, Reckholdervogel, Ziemer, Grossziemer, Blauziemer, Blawziemer, grosser Blauziemer, Zimmer, Zeumer, Schomerling, Schacker, Beinauka, Kromawetter, Zierling, Blaudrossel; im Anhaltinischen: der Ziemer.

1
2

ZWEITE AUSGABE
Tafel 81
Drosselrohrsänger (1)
Sumpfrohrsänger (2)
Teichrohrsänger (3)

Tafel II, 3

Der Sumpf-Rohrsänger

Acrocephalus palustris (BECHST.)
Fig. 2 Männchen

Sumpfsänger, Sumpfschilfsänger, Rohrsänger, Rohrschmätzer, Rohrgrasmücke, olivengrauer Rohrschirf, olivengrauer Spitzkopf, Weiderich und Weidenzeisig, Weidenpeiferchen, Weideschleiferchen, Wassergratsch, Hiddemecher (sämtlich im deutschen Luxemburg), Sprachmeister, Schwarzblättel, Rohrzeisig (in Schlesien), Rohrspotter bei Wien, Nachtschläger, Nachtsänger in Böhmen.

Der Teich-Rohrsänger

Acrocephalus streperus (VIEILL.)
Fig. 1 Männchen

Teichsänger, Teichlaubvogel, Rohrsänger, Rohrschmätzer, Rohrgrasmücke, Rohrschliefer, brauner (olivenbrauner?) Rohrschirf, Schilfschmätzer, Schilfdornreich, Wasserdornreich, Wasserweisskehle, Weidenmücke, Weidengucker, Wyderle, kleine braungelbe Grasmücke, Spitzkopf, rostgrauer Spitzkof, Spitzkopf mit der Schwanzbinde, Zepste, Wasser- oder Rohrzeisig; hier zu Lande: (kleiner) Rohrsperling. Ixel (in Schlesien). Reitpieper.

Der Busch-Rohrsänger

Locustella naevia (BODD.)
Fig. 4 Männchen

Heuschreckenrohrsänger, Heuschreckenschilfsänger, Heuschreckensänger, Heuschreckenlerche, Pieplerche, Grashüpfer, olivengrünlicher Rohrsänger, pieperfarbiger Rohrsänger, lerchenfarbiger Spitzkopf, Schwirl, Feldschwirl, Buschschwirl.

Der Garten-Rohrsänger

Acrocephalus streperus horticolus (NAUM.)
Fig. 3 Männchen

Natürl. Grösse.

ZWEITE AUSGABE
Tafel 80
Gartenlaubvogel (1)
Waldlaubvogel (2)
Fitislaubvogel (3)
Weidenlaubvogel (4)

Tafel II, 5

Der Weiden-Laubvogel

Phylloscopus rufus (BECHST.)
Fig. 3 Männchen

Der Weidensänger, kleiner oder brauner Weidensänger, Weidenzeisig, kleiner Weidenzeisig, Weidenzeislein, kleines Weidenblättchen, Weidenmücke, braunfüssiger Laubvogel, kleinstes Laubvögelchen, kleine und kleinste Grasmücke, (eigentliche rote und gelbrote, kleine gelbrote) Grasmücke, brauner Fitis, grüner König, Erdzeisig, Läufer, Mitwaldlein, Tyrannchen, Schmittl, Zimzel, Ardzeisel, Ziegenmelker, Waldsperling, Tschiltshalg in Böhmen, Backöfel, Zilpzalp in preussisch Schlesien, Weidenzesk, Sommerkönig, Tschim-Tscham in österreichisch Schlesien, Zinszahler, Schmiedel bei Wien, Mückenvögelein, Kleiner Wistling, Fifetzer, Zippzapp, Zilzelterle in Bayern.

Der Goldhähnchen-Laubvogel

Phylloscopus proregulus (PALL.)
Fig. 1 Männchen

Gelbbrauiger Laubvogel

Phylloscopus superciliosus (GM.)
Fig. 2 Weibchen

Der sibirische Laubvogel

Phylloscopus tristis BLYTH
Fig. 4 Weibchen

Natürl. Grösse.

ZWEITE AUSGABE
Tafel 77
Zaungrasmücke (1)
Mönchsgrasmücke (2, 3)

Tafel II, 9

Die Mönch-Grasmücke

Sylvia atricapilla (L.)

Fig. 1 altes Männchen, Fig. 2 altes Weibchen, Fig. 3 junges rotköpfiges Männchen, Fig. 4 Männchen, Melanismus von der Insel Madeira

Der Mönch, kleine Mönch, das Mönchlein, Plattenmönch, Mönch mit schwarzer und roter Platte, Plattenkopf, Schwarzplatte, Schwarzplättchen, Schwarzplättl, Schwarzkappe, Schwarzkuppe, Schwarzkopf, schwarzköpfige oder schwarzplattige Grasmücke, schwarzköpfige Nachtigall, schwarzköpfiger Sänger, Mohrenkopf, Mauskopf, Kardinälchen, Pfaff, Thumpfaffe, Klosterwenzel, Grasmücke, Grasmückchen, Afternachtigall, Baum- oder Buchfink, Grasspatz, Murrmeise; in hiesigem Lande: Plattmönch, Meisenmünch.

2
1
3
4
E. de M.

ZWEITE AUSGABE
Tafel 91
Wasserschwätzer

Tafel II, 14

Der gemeine Wasserstar

Cinclus cinclus aquaticus (BECHST.)
Fig. 1 Männchen, Fig. 2 Nestkleid

Gemeiner Wasserschwätzer, braunbäuchiger Wasserschwätzer, Wasserstar, Wasserdrossel, Wasseramsel, Wassermerle, Wassersänger, Bachamsel, Bachsprehe, Stromamsel und Seeamsel.

Schwarzbäuchiger nordischer Wasserstar

Cinclus cinclus (L.)
Fig. 3 Weibchen, Fig. 4 Nestkleid

Der braune Wasserstar

Cinclus Pallasi TEMM.
Fig. 5 alter Vogel

4
1
2
5
3

ZWEITE AUSGABE
Tafel 93
Gelbköpfiges Goldhähnchen (1–3)
Feuerköpfiges Goldhähnchen (4–6)

Tafel II, 15

Das gelbköpfige Goldhähnchen

Regulus regulus (L.)
Fig. 4 Männchen, Fig. 5 Weibchen, Fig. 6 junger Vogel

Safranköpflges oder gemeines Goldhähnchen, das Goldhähnchen, Goldämmerchen, Goldhammel, Goldhannel, Goldhendlein, Goldvögelein, gekrönter Sänger, Sträusschen, Sträusslein, König der Vögel, Königlein, gekröntes Königchen, Haubenkönig, Sommerkönig, Zaunkönig, gekrönter Zaunkönig, Zaunschlüpflein, Haubenzaunkönig, Sommerzaunkönig, Tannenmäuslein, Weidenmeise, Weidenzeislein, Waldzeislein, Ochsenäuglein, Ziszelberte, Parra; hier zu Lande: Goldhämmerchen oder Goldhämmelchen, Meisenkönig.

Das feuerköpfige Goldhähnchen

Regulus ignicapillus (TEMM. ex BREHM.)
Fig. 1 Männchen, Fig. 2 Weibchen, Fig. 3 junger Vogel

Feuerköpfiger Sänger, rubingekrönter Zaunkönig.

2
3
1
5
4
6

Tafel II, 18

Die Blaumeise

Parus coeruleus L.

Fig. 1 junger Vogel, Fig. 2 alter Vogel

Blaue Meise, Bleimeise, Ringelmeise, Bien- oder Pinelmeise, Mehlmeise, Käsemeise, Merl- oder Hundsmeise, Jungfermeise, Himmelmeise, Bümpel- oder Pimpelmeise, Blaumüller; hier zu Lande: Pumpelmeise. Blaumas, Pimpelmeise, Blöberl, Blobmeise, Lohfinke.

Die weissköpfige Schwanzmeise

Aegithalus caudatus (L.)

Fig. 3 altes Männchen

Die langgeschwänzte Meise, Zogel- oder Zahlmeise, Mehl- oder Mohrmeise, Schneemeise, Moor- oder Riedmeise, Bergmeise, Belz- oder Spiegelmeise; Pfannenstiel, weisser Pfannenstiel, Pfannenstielchen, Pfannenstieglitz, Backofendrescher oder Weinzapfer, Teufelspelz, Teufelsbolzen; und im hiesigen Lande: Teufelspelzchen. Müller, Müllermeise, Binderschlägel, Rührlöffelschwanz, Löffelmeise, Longschwanz, Schweifmeise, Querrelmeise, Müllerbursch, Stangenmeise.

Die schwarzbrauige Schwanzmeise

Aegithalus caudatus vagans (LATHAM)

Fig. 4 altes Männchen, Fig. 5 junger Vogel

Schwarzzügelige Schwanzmeise, Westliche Schwanzmeise.

Die Lasurmeise

Parus cyanus PALL.

Fig. 7 Männchen

Lasurblaue Meise, hellblaue oder grosse blaue Meise, Prinzchenmeise, die Säbische Meise.

Südliche Schwanzmeise

Aegithalus caudatus Irbyi (SHARPE u. DRESSER)

Fig. 6 Männchen

Die russische Blaumeise

Parus pleskei CABANIS.

Fig. 8 Männchen

1
2
3
4
8
7
5
6

Tafel II, 20

Die Haubenmeise

Parus cristatus L.

Fig. 1 aus Mitteldeutschland

Haubel-, Heubel- oder Hörnermeise, Kup- oder Kuppmeise, Kuppen- oder Koppenmeise, Kupfmeise, Kobelmeise, Schopf- oder Straussmeise, Heidenmeise, Toppelmeesken, Meisenkönig, Hörnermeise, Hörnermeese, Hörnelmeise, Koppelmeise, Zippelmeise, Toppmeesch, Pollmeesch.

Die Tannenmeise

Parus ater L.

Fig. 2 Männchen

Kleine Kohlmeise, Schwarz- oder Pechmeise, Kreuzmeise, Wald- oder Holzmeise, Harzmeise, Hunds- oder Speermeise, kleine Meise, Waldmoas, Tinmese, Tschitschmeese, Stockmeise, Schwarzmeise.

Die Kohlmeise

Parus major L.

Fig. 3 Männchen

Grosse Kohlmeise, Brandmeise, Schwarzmeise, grosse schwarze Meise, grosse Waldmeise, Grossmeise, Spiegelmeise, Grasmeise, Speckmeise, Schinkenmeise, Talgmeise, Pickmeise, Finkenmeise, Meisenfink; im hiesigen Lande: Kollmeise. Bienenmeise, Bimeiserl, Kohlmeesch, Gêlmeesch, Tallimöschen, Tallibieter.

Die gemeine Nonnenmeise

Parus subpalustris BREHM.

Fig. 4 Männchen

Graue Meise, Asch- oder Aschenmeise, Schwarz- oder Graumeise, Kehlmeise, Platt- oder Plattenmeise, Münch- oder Mönchmeise, Nonnenmeise, aschgraue Nonnenmeise, Mehlmeise, Hanf-, Garten- oder Rohrmeise, Mauer- oder Hundsmeise, Speckmeise, Rindsmeise, Koth- oder Pfützmeise, Murrmeise, Meisenkönig, Dornreich; in der hiesigen Gegend: Blechmeise, Grasmeise.

Natürl. Grösse.

ZWEITE AUSGABE
Tafel 139
Europäischer Kleiber

Tafel II, 23

Der Europäische Kleiber

Sitta europaea L.
Fig. 1 Männchen, Fig. 2 Weibchen, Fig. 3 Männchen aus Ostpreussen, Fig. 4 Männchen aus Schweden

Gemeiner, bläulicher, gelbbäuchiger Kleiber, der Kleiber, Kleber, Klener, Klaber, Klauber, Kleberblauspecht, die Spechtmeise, Europäische, blaue, gemeine Spechtmeise, grösste spechtartige Meise, spechtartige Blaumeise, Europäischer Blauspecht, gemeiner Grauspecht, Maispecht, Holz- oder Baumhacker, Baumpicker, Baumreuter, Baumritter, Baumrutscher, grosser Baumkletterer, Baumkletterlein, Baumklette, Baumklähn, Klähn, Nusshacker, Nusspicker, Nussbickel, Nusshaer, Europäischer Sittvogel, Blindchlän, Kottler, Tottler, Todler; im hiesigen Lande: Blauer Baumreuter und Blauspecht. Blauer Schuster (Kärnten), Wandschopper, Baumhackel (Steiermark), Schmalzbettler (Tirol), Schwarzplättl, Bloospecht (Schlesien), Boomrotscher, Sautreiber, „altes Weib“, Boomlist, Bloer Tschokrich, Duttchen, Gagelak (Böhmen).

Natürl. Grösse.

E. de M.

ZWEITE AUSGABE
Tafel 141
Alpen-Mauerklette

Tafel II, 24

Die Alpen-Mauerklette

Tichodroma muraria L.
Fig. 1 Männchen im Sommerkleid,
Fig. 2 Männchen im Winterkleid

Die Mauerklette, rotflügelige Mauerklette, Mauerläufer, rotflügeliger Mauerläufer, Mauerbaumläufer, Mauerklettervogel, Mauerchlän, Mauerspecht, Murspecht, Alpenspecht, Kletterspecht, kleiner, schöner Baumläufer, Totenvogel.

1
2

Tafel III, 1 (oben)

Die Berg- oder Alpen-Lerche

Otocorys alpestris (LINN.).
Fig. altes Männchen, Fig. 2 junger Vogel

Sibirische Berglerche, Alpenlerche, wilde zweischopfige Alpenlerche, Winterlerche, Schneelerche, gelbbärtige nordische Schneelerche, Uferlerche, gelbbärtige Lerche, gelbbärtige Lerche aus Virginien und Kanada, gelbköpfige Lerche, sibirische oder virginische Lerche, Priestergürtel.

Die Weissflügel-Lerche

Melanocorypha sibirica (GM.).
Fig. 3 Männchen

Sibirische Lerche, Spiegellerche, Steppenlerche, weissflügelige Lerche.

Tafel III, 4 (unten)

Die europäische Feld-Lerche

Alauda arvensis LINN.
Fig. 1 altes Männchen, Fig. 2 junger Vogel

Gemeine Lerche, Brach- oder Ackerlerche, Weglerche, Korn- oder Saatlerche, Luft- oder Himmelslerche, Taglerche, Sanglerche (Heide- oder Holzlerche), Pardale, Leewaark, Lerch, Lark, Lewink, Lewchen in Schleswig-Holstein, Sössel-Lewak auf Fehmarn; in hiesiger Gegend wie in vielen anderen schlechthin: die Lerche.

Die kurzzehige Lerche

Calandrella brachydactyla (LEISL.)
Fig. 3 Männchen

Isabell-Lerche, Gesellschaftslerche.

Stummel-Lerche

Calandrella pispoletta (PALL.)
Fig. 4

Pallas' kurzzehige Lerche, Pallas' Stummellerche.

ZWEITE AUSGABE
Tafel 86
Weiße Bachstelze

Tafel III, 9

Die weisse Bachstelze

Motacilla alba (L).
Fig. 1 Männchen im Sommerkleid, Fig. 2 Weibchen im Sommerkleid, Fig. 3 junger Vogel im ersten Kleid

Weissbunte, bläuliche, blaue, graue oder gemeine Bachstelze, Haus- oder Steinbachstelze, die Bachstelze, Wasserstelze, weisse oder graue Wasserstelze, Queckstelze, der Wassersterz, Wegesterz, Quecksterz, Queckstaart, Wippsterz, Wippstärt, Wippstaart, Wipssteert, witte Weepstirten, Wackelstärt, Bebeschwanz, Wedelschwanz, Wippschwanz, Stiftsfräulein, Klosterfräulein, Klosternonne, Schwienhierd, Ackermann, Plogsteert, graues Schwanzkehlein; im hiesigen Lande: Ackermännchen und blauer Ackermann.

3
2
1
E. de Maes

ZWEITE AUSGABE
Tafel 102
Goldammer (1, 2),
Zaunammer (3, 4)

Tafel III, 21

Der Gold-Ammer

Emberiza citrinella LINN.
Fig. 1 Männchen im Frühling, Fig. 2 Weibchen

Ammer, Ammerling, Ammering, Hämmerling, Emmering, Emmerling, gemeiner oder gelber Emmerling, Embritz oder Emmeritz, Goldhammer, Gohlammer, Gollammer, Golmer, Gaalammer, Gaulammer, Geelammer, Gehlämmerlich Gählämmerlich, Geelfink, Geelgöschen, Geelgöschchen, Geelgösschen, Geelgerst, Gelbling, Gilbling, Gilberig, Gilberschen, Gelbgans, Goldgänschen, Gehling, Gorse, Gurse, Grünzling (Grünfink), Grintschel, Gröning, Kornvogel, Sternardt; in der hiesigen Gegend: Grünschling.

Der Zaun-Ammer

Emberiza cirlus LINN.
Fig. 3 altes Männchen im Frühling, Fig. 4 Weibchen

Heckenammer, Zaunemmeritze, Waldemmeriz, Steinemmerling, grauköpfiger Wiesenammering, Zirlammer, Pfeifammer, Frühlingsammer, Fettammer, gefleckter Ammer, braunfalber und weissgefleckter Ammer, Ammer mit olivengrüner Brust, Zaungilberig, Moosbürz, Cirlus, Zizi.

ZWEITE AUSGABE
Tafel 110
Fichtenkreuzschnabel

Tafel III, 27

Der Fichten-Kreuzschnabel

Loxia curvirostra L.

Fig. 1 altes Männchen, Fig. 2 Weibchen, Fig. 3 junger Vogel

Gemeiner oder kleiner Kreuzschnabel, Kreuzvogel, langschnäbeliger Kreuzvogel, kreuzschnäbeliger Kernbeisser, Krummschnabel, Chrützvogel, Krünsch, Krinitz, Krünitz, Grünitz, Grinitz, Grienitz, Grönitz, Grünerz, Winter-, Christ- oder Sommerkrinitz, grauer, gelber, roter, bunter Krinitz oder Kreuzschnabel, Tannenpapagei, Tannenvogel, Zapfenbeisser, Zapfennage, Schwabe, Krimaes, Griens, Krones, Krims, Krempel, Krumpschnabel.

2
1
3

ZWEITE AUSGABE
Tafel 114
Kirschkernbeißer

Tafel III, 33

Der Kirsch-Kernbeisser

Coccothraustes coccothraustes (L.)

Fig. 1 Männchen, Fig. 2 Weibchen, Fig. 3 junger Vogel

Kirschbeisser, Kirschfink, Kirschhacker, Kirschknacker, Kirschknöpper, Kirschklöpfer, Kirschschneller, Kirschleske, Kirschvogel, Kirschpicker, Kirschenknipper, Kirschenschneller, gemeiner Kernbeisser, brauner Kernbeisser, Kernbeiss, Kernhacker, Kernknacker, Kaarnbicker, Steinbeisser, brauner Steinbeisser, Nussbeisser, Bollenbeisser, Bollenpieck, Fichtenhacker, Dickschnabel, Finkenkönig, Buchfink, Klepper, Leske, Laske, Lasken, Lässig, Lessig, Lysblicker; hier zu Lande: der Kernbeisser.

ZWEITE AUSGABE
Tafel 118
Buchfink

Tafel III, 39

Der Buch-Fink

Fringilla coelebs LINN.
Fig. 2 Männchen, Fig. 3 Weibchen

Eigentlicher oder gemeiner Fink, Edelfink, Gartenfink, Waldfink, Bogfink, Bootfink, Rottefink, Spreufink, Rotfink, Schildfink, vierspiegeliger oder sechsspiegeliger Fink, Dorp- oder Dörpfink, Feink, Wintsche; hier zu Lande: die Finke.

Der Berg-Fink

Fringilla montifringilla LINN.
Fig. 1 Männchen im Sommer

Waldfink, Baumfink, Laubfink, Buchfink, Tannfink, Tannenfink, Mistfink, Kotfink, Winterfink, Schneefink, Rotfink, Goldfink, Bärgfink, Quitschfink, Quätschfink, Quäkfink, Quäker, Queck, Wäckert, Wickert, Käkler, Gegler, Gägler, Gögler, Gogler, Zetscher, Zehrling, Icawetz, Nikabitz, Nikawiss, Pienken, Angermannländischer Distelvogel, Böhmer, Böhemmer, Rowert, Bergnachtigall; hier gemeiniglich: Quäker.

Der Distel-Zeisig

Carduelis carduelis (LINN.)
Fig. 4 altes Männchen, Fig. 5 junger Vogel

Stieglitz, gemeiner Stieglitz, Stieglitsch, Stichlitz, Stechlitz, Stachlick, Distler, Distelvogel, Distelfink, Fistelfink, Kletter, Rotvogel, Rotvögelein, Goldfink, Jupitersfink, Trun; in hiesiger Gegend beim gemeinen Mann: die Sterlitze.

1
2
3

ZWEITE AUSGABE
Tafel 115
Haussperling

Tafel III, 42

Der Haus-Sperling

Passer domesticus (L.)
Fig. 1 Männchen, Fig. 2 Weibchen

Sperling, gemeiner Sperling, Hofsperling, Rauchsperling, Faulsperling, Kornsperling, Spaarling, Spar, Sperk, Spatz, Hausspatz, Dieb, Hausdieb, Speicherdieb, Felddieb, Gerstendieb, Kornwerfer, Hausfink, Mistfink, Lüning, Leps, Husfink, Huslünk; hier zu Lande: Der Sperling.

Der Feld-Sperling

Passer montanus (L.)
Fig. 2 Männchen, Fig. 3 Weibchen

Baumsperling, Holzsperling, Waldsperling, Weidensperling, Nusssperling, Rohrsperling, Bergsperling, Gebirgssperling, wilder Sperling, Braunsperling, Rotsperling, Ringelsperling, Sperling mit dem Halsband, Muschelsperling, Holzmuschel (mit einem langen U), Holznischel, Boom-Lün, Feld-Spink, Ringelspatz, Baumspatz, Feldspatz, Feldsperk, Felddieb, Gerstendieb, Ringelfink, Feldfink, Baumfink, Rohrleps, Feld- oder Boomspaarling, Fricke; hier zu Lande gewöhnlich: Rohrsperling.

1
2
3
4

ZWEITE AUSGABE
Tafel 61
Kirschpirol

Tafel IV, 5

Der Kirsch-Pirol

Oriolus oriolus (L.)

Fig. 1 Männchen, Fig. 2 Weibchen, Fig. 3 junger Vogel

Der Pirol, gemeine oder eigentliche Pirol, Pirold, Bierhold, Bierole, Bierholf, Byrolf, Bruder Berolft, Gerolft, Tyrolk, Beerold, Bieresel, Bülau, Schulz von Bülow, Büloon-Vogel, der Vogel Püloh, Schulz von Milo, Schulz von Therau, Widewall, Wiedewall, Weidwall, Wiederwalch, Witwell, Wittewald, Wittewalch, Viduel, Weihrauch, Weihrauchsvogel, Bruder Wyrauch, Gugelfahraus, Kugelfihaus, Galbulavogel, Chlorion, Gelbvogel, Gelbling, Golddrossel, Goldamsel, Goldmerle, Gutmerle, Olivenmerle, Kirschdrossel, gelbe Kirschdrossel, Kirschvogel, Kirschdieb, Kirschholdt, Kirschholf, Kersenrife, Sommerrossel, Feigenfresser, Pfeifholder, Regenkatze, gelbe Rake; und in hiesiger Gegend: Pfingstvogel. Vogel-Bülow, Pirr-Eule, Gottesvogel, Regenvogel, Füerhaken, Bier-Eule, Wigelwagel, Piroler, Gugler, Guldomaschel, Weindrossel, Goldamschel, Werchvogel, Guglawa, Vogel vom Haus, Vogel für Haus, Goissvogel, Kaiservogel, Guglvierhaus, Karschavugl.

ZWEITE AUSGABE
Tafel 57
Alpenkrähe (1),
Steinkrähe (2)

Tafel IV, 6

Die Alpen-Dohle

Pyrrhocorax pyrrhocorax (LINN.)
Fig. 1 Männchen

Schneekrähe, Krähdohle, Schneedohle, Alpenkrähe, Berg- und Steindohle, Bergtul, Bergdule, Widetul, Dähe, Däsi, Däfi, Täfle, Flütäfle, Flüetäsi, Chäfi, Hächti, Tahen, Schneetahe, Schneedachl, Dachl, Winddachl, Winddohle, Alpkray, Alpkräher, Alprapp, Albrabe, Alpkachel, Almamsel, Feuerrabe, grosse Amsel der Alpen, Chächty, Bernen, Riester, Ryestere, Bergkäfe, Täfin, Flüetäfin, Flüedäfi, Diechle, Flüekrähe, Thule, Bergduhle, Schneekräy.

Die Stein-Krähe

Pyrrhocorax graculus (L.)
Fig. 2 Männchen

Steindohle, Steinduhle, Steintähn, Steinfache, Steinrabe, Steinrapp, Steinsage, Alpenrabe, Waldrabe, Waldrapp, Gebirgsrapp, Feuerrapp, Alpenkrähe, Schweizerkrähe, rotbeinige Krähe, Krähendohle, schwarze Krähendohle, Bergdohle, Eremit, Eremitrabe, Berg- und Schweizereremit, Klausrapp, Turmwiedehopf, schwarzer Geist mit feurigen Augen, Schneekräih, Dühle, Tahe, Felstahnl.

ZWEITE AUSGABE
Tafel 58
Eichelheher (1)
Nussheher (2)

Tafel IV, 9

Der Eichel-Häher

Garrulus glandarius (LINN.)
Fig. 1 Männchen, Fig. 2 Weibchen

Heher, Nuss-, Wald-, Eichen- und Holzheher, Spiegelhäher, Hehr, Häher, Heyer, Heger, Nusser, Nussert, Nussheyer, Nussbeisser, Nusshacker, Nusshecker, Nussjeck, Eichelrabe, Eichelkrähe, Eichelkehr, Eichelgabsch, Eichelhabicht, Baumhayel, Baumhatzel, Hatzel, Hatzler, Hätzler, Hassler, Kratzelster, Hägert, Hayart, Herold, Heerholz, Holzschrat, Herre, Herrn-, Horn- und Horrevogel, Heerevogel, Markwart, Markolf, Markolfus, Matschke, Bräfaxter, Fäck, Jeck, Jäckel, Jäck, Gäckser, Herrengäger, Tschälker, Gögst, Jägg, Gräcke, Tschui; in hiesiger Gegend: Holzschreier.

ZWEITE AUSGABE
Tafel 56
Dohlenrabe (1)
Elsterrabe (2)

Tafel IV, 10

Die Elster

Pica pica (L.)
Fig. 1 altes Männchen

Elster, Älster, gemeine und europäische Elster, Alster, Alelster, Azel, Ägerst, Agerist, Schalaster, Agelaster, Algaster, Algarte, Agerluster, Agelhetsch, Heste, Hetze, Heister, Häster, egester, Egerste, hutsche, gemeiner Häher, Elsterrabe, Gartenkrähe, Gartenrabe, Keckersch; in hiesiger Gegend: Kückelster, Aglaster, Atzel, Hatzl, Hätz, Hätzl, Sepalalster, Schackelster, Husheister, Heester, Jängster, Enkster, Exter, Häxter, Hechster, Hetsche, Haberhetsche, Schalaster, Haberhätsch, Diebsch, Ad, Adelster, Oelster, grosse Alaster, Alsterkadl.

Der Dohlen-Rabe

Lycus monedula (L.)
Fig. 2 altes Männchen

Die Dohle, gemeine, graue und schwarze Dohle, Doole, Tole, Thole, Thale, Duhle, Dhul, Tul, Thule, Doel, Tahe, Talk, Thalke, Dachlicke, Tagerl, Gaile, Kayke, Älke, Klaas, Turmkrähe, Turmrabe, Schneekrähe, Schneedohle, Schneegäcke, Schneegake, Zschokerll; hier zu Lande: Schneedahle und Schneekäke. Kauk, Tule, Turmkrooh, Tohlen, Jacob, Dulle, Dachl, Dalle, Dah, Dähle, Dagerle, Dagerl, Klaus, Klauskrei, Talchen, Talke, Dachee, Daachen, Holkrah, Taleke, Pann-Rotten, Kauken.

ZWEITE AUSGABE
Tafel 55
Saatrabe

Tafel IV, 14

Der Saat-Rabe

Corvus frugilegus L.
Fig. 1 altes Männchen, Fig. 2 junges Männchen

Pommerscher, sächsischer und altenburgischer Rabe, Saatkrähe, Feldkrähe, Steinkrähe, Hafer- und Ackerkrähe, schwarze Ackerkrähe, gesellschaftliche Krähe, schwarze Kreye, schwarze Krau, schwarze Krähe, Kranveitl, Karechel, Kareck, Kurock, Rooke, Rooche, Rouch Rauch, Roeck, Rouk, Ruck, Rücke, Haferrücke, Nacktschnabel, Grindschnabel; beim gemeinen Mann hiesiger Gegend: Feldkrähe oder schwarze Krah. Groot swart Kauk, Wurmkrähe, Dreckvogel, Rügen, Blaurock, Kroe, Rouck, Röck, Rorka, Roch, Ruche, Räche, Karachel, Kurack, Krauweitel, Haberkrah, Tager, Krah, Rab, schwoarze Krooh, Gesellschaftskrähe, Harstkrain, Kroa, Sat Krei, Haberrickchen (so die jungen Saatkrähen).

2
1

ZWEITE AUSGABE
Tafel 52
Rotrückiger Würger

Tafel IV, 18

Der rotrückige Würger

Lanius collurio L.
Fig. 1 altes Männchen, Fig. 2 altes Weibchen, Fig. 3 junger Vogel

Kleiner kleinster, bunter, scheckiger, rotgrauer, blauköpfiger Würger, kleiner roter, kleiner aschfarbener Neuntöter, Neunwürger, mandelbrauner Mitwürger, singender Rohrwürger, singende Rohrwrangel, kleiner bunter Wark- oder Würgengel, Warkengel, kleiner Wahnkrengel, Dorndreher, Dorntreter, Dorndrechsler, Dornhäher, Dormgreuel, grosser Dornreich, Finkenbeisser, eigentlicher Spiesser; in hiesiger Gegend: Schäckerdickkopf und Neuntöter. Brauner Neuntöter, Dorngreil, Käferfresser, Dornhacker, Wagenkrinklich, Wagengänger, Dornstecher, Strangkatze, Dorndrall, Blaukopf, Alsterweigl, Woahngrängeln, Dorndraher, Dorndral, Staudentratzer, Staudervögerl, Totengräul, Doarndral, Staudenral, Dorngansl, Negnmürer, Quark, Stegemörder, Neunmörder, Atzelneumörder, Dickkopf, Radrecher, welsche Ad, Quorkringel, Dornkralle, Hackenkralle, Quarkvogel, Dornracher.

Der isabellfarbige Würger

Lanius isabellinus EHRENBERG.
Fig. 4 altes Männchen

1
2
Kleinschmidt

ZWEITE AUSGABE
Tafel 64
Gefleckter Fliegenfänger (1)
Schwarzgrauer Fliegenfänger (2–4)

Tafel IV, 19

Der gefleckte Fliegenfänger

Muscicapa grisola L.
Fig. 1 altes Weibchen, Fig. 2 junger Vogel im Nestkleid

Fliegenfänger, grosser, grauer, graubrauner, graugestreifter, gestreifter europäischer Fliegenfänger, grosser oder graugestreifter Fliegenschnäpper, Fliegenschnäpfer, grauer Hütick, graag Hütting, Spiessfink, Kotfink, Nesselfink, Piepsvogel, Toten- und Pestilenzvogel, Schureck; hier zu Lande: grauer Fliegenschnäpper. Mückenschnapper, Müggenschnapper, Muckenschnapper, Regenpieper, Fleegenschnapper, Fliegenschnapper, Totenvögelchen, Grüschotele.

Der schwarzgraue Fliegenfänger

Muscicapa atricapilla L.
Fig. 3 altes Weibchen

Der schwarzrückige, schwarze, schwarzplattige, braune, bunte, scheckige, kleine, gemeine und lothringische Fliegenfänger oder Fliegenschnäpper und Fliegenschnapper, schwarzer Fliegenstecher, schwarz- und weissscheckiger schmätzender Fliegenvogel, schwarze Grasmücke mit bunten Flügeln, Meerschwarzplättchen, Meerschwarzblattl, Mohrenköpfchen, Totenköpfchen, Baumschwalbl, Waldscheck, Trauervogel, Loch- oder Dornfink. Die Weibchen und Jungen: der Feigenfresser, gemeiner Feigenfresser, Feigenesser, Beccafige, Beckfige, brauner Fliegenschnäpper, brauner Fliegenschnäpper mit einem weissen Flügelfleck, braune Curruke mit weissem Flügelfleck, Braunellchen, kleine Grasmücke, Gartenscheck, Wüstling, Weissling, Rotauge, Totenvogel, Distelfink, kleiner Holzfink, Lochfink. Schlappfittich, Baumschwälbchen, Bamfink, Bamschwoche.

1
2

ZWEITE AUSGABE
Tafel 59
Rötlichgrauer Seidenschwanz

Tafel IV, 22

Der rötlichgraue Seidenschwanz

Ampelis garrulus (L.)

Fig. 1 altes Männchen, Fig. 2 altes Weibchen, Fig. 3 junges Männchen

Der graubäuchige, der europäische, der gemeine Seidenschwanz, Seidenschwänzchen, Seidenschweif, Seidenschweifel, Winterdrossel, Haubendrossel, böhmische Haubendrossel, Böhmer, Böhmerl, Bohemlein, Zizirelle, Zinzirelle, Ziecerelle, Zieserl, Zuserl, Pfeffervogel, Pfeffervögelchen, Sterbevogel, Pestvogel, Pestilenzvogel, Kreuzvogel, Schneevogel, Schneeleschke, Goldhahnl, Wipsterz, Schwätzer; in hiesiger Gegend: der Seidenschwanz. Kriegsvogel, Sidenswans, Friser, Seidenvogel.

2
1
3
E. de Maes.

ZWEITE AUSGABE
Tafel 146
Felsenschwalbe (1, 2)
Uferschwalbe (3, 4)

Tafel IV, 26

Die Ufer-Schwalbe

Clivicola riparia (L.)
Fig. 1 altes Männchen, Fig. 2 junger Vogel

Erdschwalbe, Sandschwalbe, Dreckschwalbe, Kotschwalbe, Strandschwalbe, Gestettenschwalbe, Wasserschwalbe, Meerschwalbe, Rein- oder Rheinschwalbe, Felsenschwalbe, graue Schwalbe, Rheinvogel; hier zu Lande: Uferschwalbe.

ZWEITE AUSGABE
Tafel 145
Rauchschwalbe (1)
Hausschwalbe (2)

Tafel IV, 23 (oben)

Die Rauch-Schwalbe

Hirundo rustica L.

Fig. 1 altes Männchen aus Schweden, Fig. 2 junges Männchen aus England, Fig. 3 altes Männchen aus England, Fig. 4 altes Männchen aus Ägypten

Hausschwalbe, innere Hausschwalbe, gemeine oder gewöhnliche Hausschwalbe, Stadtschwalbe, Küchenschwalbe, Schornstein- oder Schlotschwalbe, Feuerschwalbe, Bauernschwalbe, Fensterschwalbe, Giebelschwalbe, Leimenschwalbe, Lehmschwalbe, Brücheschwalbe, Stachelschwalbe, Stechschwalbe, Schwalm, Rookswolk; in hiesiger Gegend: Blutschwalbe.

Tafel IV, 28 (unten)

Der gemeine Tagschläfer

Caprimulgus europaeus L.

Fig. 1 Männchen, Fig. 2 Weibchen, Fig. 3 junger Vogel

Tagschläfer, getüpfelter Tagschläfer, europäischer Tagschläfer, Tagschlaf, Tagschlaffe, Dagslap, Nachtschwalbe, grosse Nachtschwalbe, europäische Nachtschwalbe, Nachtschatten, Nachtschade, Nachtwanderer, Nachtvogel, Nachtrabe, Nachträblein, Nachtrabl, Ziegenmelker, getüpfelter Ziegenmelker, europäischer Ziegenmelker, Geismelker, Kindermelker, Ziegensauger, Kuhsauger, Milchsauger, bärtige Schwalbe, grossbärtige Schwalbe; Brillennase, Kalfater, Pfaffe, Hexe; hier zu Lande: Tageschläfer. In einigen Gegenden von Hessen halten die Leute den Tagschläfer für den Kuckuck. Im Altdeutschen: Weheklage oder Läpsch.

ZWEITE AUSGABE
Tafel 147
Alpensegler (1)
Mauersegler (2)

Tafel IV, 27

Der Alpen-Segler

Apus melba (L.)
Fig. 2 Männchen

Alpenhäkler, Alpenschwalbe, Bergschwalbe, Gibraltarschwalbe, grosse oder grösste Gibraltarschwalbe, spanische und barbarische Schwalbe, grösste Schwalbe, weissbäuchige Mauerschwalbe, grosse Mauerschwalbe mit weissem Bauch, grosse Turmschwalbe, grosser Spyr, Bergspyr.

Der Mauer-Segler

Apus apus (L.)
Fig. 1 Männchen

Turmsegler, Mauerhäkler, Mauerschwalbe, gemeine (grosse) Mauerschwalbe, grosse Turmschwalbe, gemeine Turmschwalbe, Kirchschwalbe, Steinschwalbe, Geierschwalbe, Feuerschwalbe, Spier-, Spür-, Spir-, Pier- und Spurschwalbe, Speyer, Gerschwalb, Spyr, Spierschwalken, Peerdschwalken, Tierkater; hier gewöhnlich: Turmschwalbe. Stanschwalbe, Rauch- und Raubschwalbe, Quiekschwalbe, Speier; in vielen Gegenden Deutschlands fälschlich Rauchschwalbe.

ZWEITE AUSGABE
Tafel 134
Rotspecht

Tafel IV, 31

Der Rot-Specht

Dendrocopus major (L.)
Fig. 1 Männchen, Fig. 2 Weibchen, Fig. 3 junger Vogel

Grosser Rotspecht, grosser Buntspecht, grosser Schildspecht, Bandspecht, grösserer gesprenkelter, bunter, schwarz und weiss gefleckter Specht, Elster-, Atzel-, Agerst- oder Aglasterspecht, grösster schwarz- und weissbunter Baumhacker, grosser Baumhackel, Baumhäkel, grosser Baumpicker, Bollenpicker, Holtfreeter, Kohlhoahn, Fleckspecht, Bamhäckl, Giesser, Schnaivogel; bei uns: der Buntspecht.

1
3

ZWEITE AUSGABE
Tafel 138
Grauer Wendehals

Tafel IV, 36

Der graue Wendehals

Jynx torquilla L.
Fig. 1 Männchen, Fig. 2 Weibchen

Gemeiner oder bunter Wendehals, Drehhals, Trayhals, Drehvogel, Nackenwindel, Halsdreher, Halswinder, Windhals, Natterhals, Natterwindel, Natterwendel, Natterzwang, Nattervogel, Otterwindel, Oderbengel, Langzüngler, Märzenfülle, Grauspecht und Erdspecht, Regenvögele, Wihals, Perlhans, Leirenbendel, Dreierfink, Fratzenzieher; hier zu Lande: Wende- oder Wengehals.

ZWEITE AUSGABE
Tafel 143
Europäischer Bienenfresser

Tafel IV, 37

Der europäische Bienenfresser

Merops apiaster L.
Fig. 1 altes Männchen, Fig. 2 junger Vogel

Gemeiner, gelbkehliger, goldkehliger, goldköpfiger Bienenfresser, der Bienenfresser, Bienenfrass, Bienenfänger, Bienenvogel, gemeiner Bienenvogel, Bienenwolf, gelber Bienenwolf, Immenwolf, Immenfrass, Heuvogel, Heumäher, einsamer Braacher, Schwanzeisvogel, Krinitz, Kardinal, Meerschwalbe, Seeschwalm, Goldstar.

2

ZWEITE AUSGABE
Tafel 144
Gemeiner Eisvogel

Tafel IV, 38

Der gemeine Eisvogel

Alcedo ispida L.

Fig. 1 altes Männchen, Fig. 2 junger Vogel

Der Eisvogel (Yschvogel), blaurückiger, lasurblauer, europäischer Eisvogel, Königsfischer, europäischer Königsfischer, Fischer-Martin, St. Martinsvogel, Uferspecht, Wasserspecht, Seespecht, Wassermerl, Wasserhähnlein, Wasserhennle, Seeschwalme, Eisengart, Eyssengart, Blauspecht, Grünes Wasserhühnla, Fischdieb, Fischfresser, Ischvogel, Biekschwalwe; hier Eisvogel.

ZWEITE AUSGABE
Tafel 60
Blaurake

Tafel IV, 40

Die Blau-Racke

Coracias garrula L.

Fig. 1 Männchen, Fig. 2 junger Vogel

Der blaue Racke, Blaurack, Blaurock, Blabrack, gemeine Racke, Rake, Raake, Racher, Racker, Racke, europäischer Racker, Rackervogel, Plauderrackervogel, Galgen-, Gels-, Helk- und Halsvogel, Galgenrcckel, blauer Rabe, blaue Holzkrähe, Holzkrache, wilde Goldkrähe, Strassburger Krähe, Mandelkrähe, Garben- oder Grünkrähe, Heiden-, Kugel- und Kriechelelster, Birkheher, leberfarbiger Birkheher, Meerheher, Nussheher, Mandelhäher, Blauhäher, Roller, deutscher und kurländischer Papagai; in hiesigen Gegenden: Blaue Krähe oder blaue Kräge.

J. G. Keulemans

ZWEITE AUSGABE
Tafel 142
Europäischer Wiedehopf

Tafel IV, 41

Der Wiedehopf

Upupa epops L.
Fig. 1 altes Männchen, Fig. 2 altes Weibchen

Der Wiedehopf, gemeine, gebänderte, bunte Wiedehopf, Widehoppe, Wiedehöppe, Widehopfe, Wiedhoff, Wiesenhopp, Kuckucksküster, Kuckuckslakai, Kuckucksknecht, Baumschnepfe, Heervogel, Gänsehirt, Stinkvogel, Kotvogel, Dreckkrämer, Dreck- und Stinkhahn; im hiesigen Lande: die Wedehuppe oder Wiedehoppe. Witu-hopfa (altdeutsch), Boutbout, Bubbelhahn, Coq bois, Dreckvogel, deutscher Haubenpapagei oder Kakadu, Fuhlhup, Herdenvogel, Hirschenkuckuck, Hupac, Hupak, Hupatz, Huphup, Hupke, Hupmatz, Huppe, Hupper, Huppk, Hupup, Kathaan, Kothahn, Kotkrämer, Kuckuck sin Köster, Kuckucksbote, Küsterknecht, Kuckucksköster, Kuckucksross, Kuhhirt, Leaph, Luppe, Mistfink, Misthahn, Mistvogel, Pugvogel, Piphopp, Puppergesell, Puppes, Pupphahn, Pupu, Saulacka, Saulocker, Schmähknecht, Schmutzhahn, Schuithüppek, Stingerwitz, Stinker, Stolhüppi, Udeb, Vogel Wud-Wud, Wedehappe, Wedehoppe, Wedehuppe, Weidenhüpfer, Widehopf, Widehup, Widehuppfe, Widhoppf, Widekopf, Wiedehuppe, Wiedhopp, Wieshopf, Wie-up, Withupf, Witthupf, Wupup, Wute, Wutte, Wydhopff.

2

ZWEITE AUSGABE
Tafel 127
Gemeiner Kuckuk

Tafel IV, 42 & 43

Der gemeine Kuckuck

Cuculus canorus L.

Tafel 42: Fig. 1 altes Männchen, Fig. 2 altes Weibchen, Fig. 3 altes Weibchen der roten Phase
Tafel 43: Fig. 1 altes Weibchen im Übergangskleid, Fig. 2 und Fig. 3 junge Vögel

Europäischer, aschgrauer, singender Kuckuk oder Kukuk, Guckguk, Gukguk, Guckgu, Gugug, Guckaug, Gugauck, Guckufer, Gucker, Gauch oder Gutzgauch, roter, braunroter, rotbrauner, brauner Kuckuk; hier zu Lande: der Kuckuk.

E. de Maes.

E. de Maes.

ZWEITE AUSGABE
Tafel 48
Steinkautz (1)
Tengelmalms-Kautz (2, 3)

Tafel V, 2

Der Steinkauz

Glaucidium noctua (RETZ.)
Fig. 1 Männchen

Der kleine Kauz, kleines Käuzchen oder Käuzlein, Sperlingskauz, Lerchenkäuzchen, gemeine Kauzeule, kleine Haus-, Scheun-, Wald-, Stock-, Stein-, Zwerg-, Sperlings- und Spatzeneule, Leichen- und Toteneule, Totenvogel, Leichenvogel, Leichenhühnchen, Wehklage, Klagemutter; hier zu Lande: Steinkäuzchen oder das Käuzchen.

Der Tengmalms-Kauz

Nyctala Tengmalmi (GM.)
Fig. 2 altes Männchen

Der rauchfüssige Kauz, kleiner rauchfüssiger Kauz, kleiner Waldkauz, langschwänziges Käuzchen, Katzenlocker (in der Steiermark).

1
2

ZWEITE AUSGABE
Tafel 41
Schneeeule

Tafel V, 4

Die Schnee-Eule

Nyctea scandiaca (L.)
Fig. 1 jüngeres Weibchen, Fig. 2 älteres Männchen

Schneekauz, weisse Eule, grosse weisse Eule, grosse weisse nordische oder isländische weisse Eule, weissbunte oder fleckige Eule, weissbunte schlichte Eule, grosse weisse und einzeln schwarz getüpfelte Eule, fleckige Nachteule, Sperbereule, Tageule, weisse und kanadische Tageule, grosse Tageule, Blinzeleule, Harfäng.

2
1

ZWEITE AUSGABE
Tafel 45
Waldohreule (1)
Sumpfohreule (2)

Tafel V, 9

Die Wald-Ohreule

Asio otus (L.)
Fig. 1 Männchen

Ohreule, mittlere, gemeine, kleine und rotgelbe Ohreule, kleine rotgelbe Ohreule, langohrige Eule, kleine Horneule, Hörnereule, kleiner Uhu, gemeiner kleiner Schuhu, kleiner Schubut, Ohrkauz, gehörntes Käuzlein, Fuchs-, Katzen-, Kauz-, Knapp-, Ur- und Ranzeule, Hauseule, Tschusch, Auf, Habergeis; hier zu Lande: Horneule.

Die Sumpf-Ohreule

Asio accipitrinus (PALL.)
Fig. 2 Männchen

Kurzohrige Ohreule, kurzohrige Eule, Eule mit kurzen Ohren, gehörnte Sumpfeule, Moor-, Rohr-, Bruch- und Wieseneule, Schnepfeneule, dreifedriger Kauz, gelber Kauz (ohne Federohren), Steineule, gelbe und lohgelbe Eule, Brandeule; hier zu Lande: Kohleule.

ZWEITE AUSGABE
Tafel 44
Uhuohreule

Tafel V, 10

Die Uhu-Ohreule

Bubo bubo (L.)
Fig. 1 Männchen

Uhu, Buhu, Schuhu, Schubut, Schuffut, Huhui, Puhuy, Puhi, Bhu, Huo, Hub, Hüru, Auf, Gauf, Berghu, Uhueule, grosse Ohreule, grosse Horneule, grosse gelbbraune Ohreule, Berg- und Steineule, Schubuteule, Adlereule, Grossherzog.

ZWEITE AUSGABE
Tafel 24
Taubenfalke

Tafel V, 15

Der Wanderfalke

Falco peregrinus TUNST.
Fig. 1 altes Männchen, Fig. 2 junges Männchen

Taubenfalke, Fremdlings- und Pilgrimsfalke, Berg-, Wald-, Stein-, Beiz-, Hühner-, Edel-, Kohl- und Blaufalke, Tannenfalke, grosser Baumfalke, Taubenstösser, Schwarzbacken, edler, ausländischer, schwarzer, schwarzbrauner, schwarzblauer und gefleckter Falke, schwarzbrauner und gefleckter Habicht; in hiesiger Gegend: (sehr uneigentlich) Blaufuss.

2
1
AG

ZWEITE AUSGABE
Tafel 31
Roter Milan (1)
Schwarzer Milan (2)

Tafel V, 23

Der rote Milan

Milvus milvus (L.)
Fig. 1 altes Männchen, Fig. 2 junges Männchen

Milan, Milane, Mälane, gemeine Milane, Weichmilane, Weihe, gemeine, bunte, rostige und rötliche Weihe, Gabelweihe, Rötel-, Rüttel-, Kür- und Königsweihe, Weihe mit gabligem Schwanz und Fischerhosen, königlicher Geier, Stein-, Stoss-, Hühner- und Gabelgeier, Gabler, Gabelschwanz, Scheerschwänzel, Hau- und Hühneraar, Wasser- und Weichfalke, Stösser, Stossvogel, Schwimmer, Grimmer, Hühnerdieb, Kikendieb, Kükewieh, Wy, Wüw, Steert, Tyrerl, Twelsteert, Schwalbenschwanzgeier; in hiesigen Landen: Schwalbenschwanz, Kurwy und Hulewyh.

Der schwarzbraune Milan

Milvus korschun (S. G. GMELIN.)
Fig. 3 altes Weibchen

Kleiner, brauner und schwarzer Milan oder Gabelweihe, schwarze Hühnerweihe, schwarzer und Aetolischer Hühnergeier, schwarzer Falke oder Hühnerdieb, braune und schwarze Weihe, kleiner und brauner Waldgeier, Mäuseaar, Mäuseadler, kleiner Schwalbenschwanz oder Gabelgeier.

2
1
3

ZWEITE AUSGABE
Tafel 35
Wespenbussard

Tafel V, 25

Der Wespen-Bussard

Pernis apivorus (L.)

Fig. 1 altes Männchen, Fig. 2 junges Weibchen

Wespen- und Bienenfalke, Wespen- und Bienenfresser, Bienen- und Insektengeier, Honigbussard, Honigfalke, Mäusehabicht, Mäusefalke, Mäusewächter, Krähen-, Frosch- und Vogelgeier, Vogelgeierle, Läuferfalke, grauschnäbliger Bussard, veränderlicher Adler; in hiesigem Lande: Sommermauser.

1
2
E. de Maes

ZWEITE AUSGABE
Tafel 12
Seeadler

Tafel V, 30

Der Seeadler

Haliaëtus albicilla (L.)
Alte Männchen

Gemeiner und grosser Fischadler, Gelbschnabel, Weissschwanz, weissschwänziger, aschgrauer, fahler und braunfahler Adler, Gemsenadler, Fisch- und Steingeier, Fischjäger, Pygarg, Gänse-, Fisch- und Meeradler, Grosser See- oder Fischadler, schwarzer und grosser schwarzer Adler, schwarzbrauner oder bärtiger Adler, grosser Hosenadler, Hosenaar, Gänseaar, Guusaar, Josor, Bein- oder Steinbrecher, Beinbrechadler; in hiesiger Gegend: Steinadler, auch Seeadler.

1
2

ZWEITE AUSGABE
Tafel 9
Steinadler

Tafel V, 40

Der Steinadler oder Goldadler

Aquila chrysaëtus (LINN.)
Fig. 1 altes Weibchen, Fig. 2 junger Vogel

Gemeiner, gemeiner schwarzer oder brauner, brauner, schwarzbrauner, schwarzer, weissschwänziger, ringelschwänziger Adler, Gold-, Stock-, Berg- und Hosenadler, Adler mit schwarzem Rücken, Kurzschwanz, Kurzschwanz mit weissem Ring, Ringelschwanz, Ringelschwanzadler, Weissring, Weissschwanz, Weissschwänzel, Rauchfussadler, brauner Adler mit ganz rauhen Füssen, kurzschwänziger und brauner Steinadler, Hosenaar; in hiesiger Gegend: Steinadler.

2
1
JG Keulemans

ZWEITE AUSGABE
Tafel 17
Hühnerhabicht

Tafel V, 55

Der Hühnerhabicht

Astur palumbarius (L.)
Junges Männchen

Der Habicht, Hab' ich, Habig, Hoppich, Hapch, Hacht, grosser, gemeiner Gänse- und Taubenhabicht, Tauben-, Hühner-, Stern- und Stockfalke, Sperberfalke, Doppelsperber, grosser graugesperberter Falke, grosser gesperberter oder gepfeilter Falke, Aar, Stockaar, Taubengeier, brauner Taubengeier, Höhnerhaff, der junge Vogel: Hühnerfalke, gefleckter Hühnerfalke, Hühnerweihe, Hühnergeier, dunkler Hühnergeier, Stechvogel; hier zu Lande: Habicht und Eichvogel; der alte Vogel: Sperberfalk und Doppelsperber, Rephühnerstosser.

ZWEITE AUSGABE
Tafel 4
Bärtiger Geieradler

Tafel V, 61

Der Bartgeier

Gypactus barbatus (L.)

Fig. 1 Dunenkleid, Fig. 2 Halbdunenkleid, Fig. 3 1½ jähriger Vogel

Weissköpfiger und schwarzköpfiger Geieradler, bartiger Geieradler, Bartadler, Bartfalke, Lämmer-, Gemsen-, Gold-, Greif- und Jochgeier, Lämmergeier der Alpen oder schweizerischer Lämmergeier, weissköpfiger Geier, Weisskopf, Grimmer.

3
2

ZWEITE AUSGABE
Tafel 1
Grauer Geier

Tafel V, 67

Der Kuttengeier

Vultur monachus LINN.
Weibchen

Grauer, grosser, aschgrauer, gemeiner, brauner Geier, Mönchsgeier, Arriangeier, Kahlkopf, pyrenäischer Adler.

ZWEITE AUSGABE
Tafel 150
Feldtaube

Tafel VI, 1

Die Feldtaube

Columba livia L.

Fig. 1 altes Männchen, Fig. 2 Junge im Dunengewand

Felsentaube, Steintaube, Bergtaube, Klippentaube, Grottentaube, Ufertaube, Hohl-, Loch- und Blochtaube, blaue Taube, Blautaube, weissrumpfige, gemeine Taube, wilde und zahme Taube, Turmtaube, Schlagtaube, Haustaube, gemeine Feldtaube, Feldflüchter.

ZWEITE AUSGABE
Tafel 149
Ringeltaube

Tafel VI, 2

Die Ringeltaube

Columba palumbus L.
Fig. 1 altes Männchen, Fig. 2 junger Vogel

Ringtaube, grosse wilde Taube, gemeine oder gewöhnliche wilde Taube, grosse Holztaube, Waldtaube, Wildtaube, Holztaube, Blochtaube, Kohltaube, Schlagtaube, Blautaube, Pfundtaube, Kühtaube.

1
2
A. G.

ZWEITE AUSGABE
Tafel 152
Turteltaube

Tafel VI, 4

Die Turteltaube

Turtur turtur (L.)
Fig. 1 altes Männchen, Fig. 2 junger Vogel

Gemeine Turteltaube, wilde Turteltaube, Turteltäubchen, wilde Lachtaube, Wegtaube, Wagtäubchen, Hirsetäubchen, Hirsttaube, kleine Holztaube.

1

ZWEITE AUSGABE
Tafel 157
Birk-Waldhuhn

Tafel VI, 9

Das Birkhuhn

Tetrao tetrix L.

Fig. 1 Männchen, Fig. 2 Weibchen

Birkhahn und Birkhuhn, Heidelhahn, Heidenhuhn, Laubhahn, Baumhahn, Mohr- oder Moorhahn, Mooshahn, Spillhahn, Spielhahn, Spiegelhahn, Schildhahn, Brummhahn, kleiner Auerhahn, Feld-Auerhuhn, schwarzer Waldhahn, gabelschwänziges Waldhuhn, deutscher Fasan. Die Henne heisst lokal auch Kurre.

ZWEITE AUSGABE
Tafel 154
Auer-Waldhuhn

Tafel VI, 11

Das Auerhuhn

Tetrao urogallus L.
Männchen

Auerhahn und Auerhuhn, grosses Waldhuhn, Aurhahn, Urhahn, Ohrhahn, Waldhahn, grosser Waldhahn, Alphahn, Bromhahn, Bromhenne, Grosser Hahn, Holzhahn, Gurgelhahn, Krugelhahn, Spillhahn, Riethahn, Federhahn, wilder Hahn, Bergfasan, wilder Puter und wilder Pfau.

ZWEITE AUSGABE
Tafel 163
Rebfeldhuhn

Tafel VI, 15

Das Rephuhn

Perdix perdix (L.)
Fig. 1 Männchen, Fig. 2 junger Vogel

Feldhuhn, graues Feldhuhn, Rep-Feldhuhn, Rebhuhn, gemeines Rephuhn, graues Rephuhn, Repphuhn, Räbhuhn, Widhuhn, Berghuhn, Rufhuhn.

A. G.

ZWEITE AUSGABE
Tafel 162
Edelfasan

Tafel VI, 18

Der Edelfasan

Phasianus colchicus L.
Fig. 1 Männchen, Fig. 2 Weibchen

Fasan, gemeiner Fasan, brauner Fasan, böhmischer Fasan, wilder Fasan, Buschfasan, Kupferfasan, Fasian, Phasan, Pahsant, Phasanenvogel, unrichtig Goldfasan.

2
1
A. G.

ZWEITE AUSGABE
Tafel 220
Fischreiher

Tafel VI, 20

Der Fischreiher

Ardea cinerea L.

Fig. 1 dreijähriges Männchen, Fig. 2 halbjähriges Weibchen

Alter Vogel: Grosser Reiher, grosser Kammreiher, bläulicher, gehäubter, türkischer Reiher, Schildreiher, Reiher mit weisser Platte. Junger Vogel: Reiher, Reiger, Reyer, Reigel, Rager, gemeiner, grauer, aschgrauer, blauer, weissbunter, ungehäubter Reiher, grawer Reigel, Bergreiher, Rheinreiher, Heergans; hier zu Lande: Reiher (schlichthin) oder Fischreiher, Goargans, Herrgans, Schit'edreier, Schüttreiher.

2
1
E. de M.

ZWEITE AUSGABE
Tafel 222
Silberreiher

Tafel VI, 22

Der Silberreiher

Herodias alba (L.)
Fig. 1 altes Männchen, Fig. 2 junges Weibchen

Grosser Silberreiher, weisser, schneeweisser, grosser weisser Reiher, grosser weisser Reiher ohne Federbusch, Schneereiher, Federbuschreiher, Augrettreiher, grosse Aigrette, türkischer oder indischer Reiher, weisser Gelbschnabel, weisser Reigel, Edelreiher.

2
1
E. de M.

ZWEITE AUSGABE
Tafel 226
Große Rohrdommel

Tafel VI, 26

Die grosse Rohrdommel

Botaurus stellaris (L.)
Fig. 1 altes Männchen, Fig. 2 Weibchen

Rohrdommel, Rohrdommelreiher, gemeiner Rohrdommel, Rohrtrummel, Rohrdump, Ruhrdump, Rohrpumpe, Rohrbombe, Rohrbrüller, Rohrbrummer, Moorochse, Wasserochse, Erdbull, Moor-, Moos-, Us- und Lohr-Rind, Mooskuh, Moosreiher, Moosreigel, Mooskrähe, Rohrreiher, dickhälsiger Reiher, Iprump, Hortyhel, Faule; in hiesigen Gegenden: der oder die Rohrdommel. Rind- und Moosochse, Moosgais, Rind- und Kuhreiher, Hortikel, Mooskuh, Sterngucker, Fluder, Ridump, Reit-Rumper, Freesmarker Bull, Eerpump, Bullpump.

2
1
A. G.

ZWEITE AUSGABE
Tafel 233
Rosenfarbiger Flamingo

Tafel VI, 29

Der rosafarbige Flamingo

Phoenicopterus roseus PALL.
Fig. 1 sehr altes Männchen, Fig. 2 zweijähriges Männchen, Fig. 3 einjähriges Weibchen

Flamingo, Flammingo, Flamant, roter Flamant, Flammant, Flammant der Alten, Pflugschnabel, Scharschnabel, Schartenschnabel, Schartenschnäbler, weisser, roter Schartenschnäbler.

1
2
3

ZWEITE AUSGABE
Tafel 22
Weißer Storch

Tafel VI, 30

Der weisse Storch

Ciconia ciconia (L.)

Fig. 1 altes Männchen, Fig. 2 junges Weibchen

Storch, gemeiner, bunter Storch, Hausstorch, Stork, Stuhrk, Adebar, Hartbar, Hailebart, Aehbär, Odeboer oder Odebär, Ebeher, Ebiger, Ebinger, Honnotter, Langbein, Langbeen, Kapperbein; bei uns zu Lande: Klapperstorch oder Kalpperstork.

1
2

ZWEITE AUSGABE
Tafel 230
Weißer Löffler

Tafel VII, 1

Der weisse Löffler

Platalea leucorodia L.

Fig. 1 altes Männchen, Fig. 2 zweijähriges Weibchen, Fig. 3 junges Männchen, Fig. 4 ganz junger Vogel

Löffler, Löffelreiher, weisser, gemeiner Löffelreiher, Löffelgans, Lepler, Schufler, Schuffler, Schaufler, Spatelgans, Palette, Pelikan.

2
3
1

ZWEITE AUSGABE
Tafel 168
Großtrappe

Tafel VII, 5

Der Grosstrappe

Otis tarda L.
Fig. 1 Männchen im Herbst, Fig. 2 Weibchen

Grosser Trappe, gemeiner Trappe, Ackertrappe, Trappgans; bei uns: die Trappe.

1
2

ZWEITE AUSGABE
Tafel 231
Gemeiner Kranich

Tafel VII, 9

Der gemeine Kranich

Grus grus (L.)
Altes Männchen

Kranich, Kranig, Kranch, grauer, schwarzgrauer gemeiner, weisser Kranich, Kreon, Scherian, Tsuri; im hiesigen Lande: Kranich.

P.M-K.

ZWEITE AUSGABE
Tafel 240
Gemeines Teichhuhn

Tafel VII, 11

Das gemeine Teichhuhn

Gallinula chloropus (L.)

Fig. 1 altes Männchen, Fig. 2 Weibchen im Jugendkleid, Fig. 3 ganz junger Vogel

Grünfüssiges Teichhuhn, grünfüssiges Rohrhuhn, Rohrhühnlein, kleines Rohrhennel, Rohrhennel mit rotem Blässel, rotes Blässhuhn, grosse, gemeine Wasserhenne, Wasserhuhn, grünfüssiges Wasserhuhn oder Wasserhuhn mit grünen Füssen, rotblässiges, dunkelbraunes, grosses Wasserhuhn, Wasserhuhn mit roter Stirn und Knien, schwarzes Wasserhuhn mit grünen Beinen, kleines Wasserhuhn, Wasserhühnchen, Wasserhennel, gemeines, grünfüssiges braunes Meerhuhn oder (richtiger) Moorhuhn, Wasserläufer, schwarzer Wassertreter, schwarze Ralle, Thauschnarre; bei hiesigen Jägern: Wasserhenne oder Rotblässchen. Taucher (Teplitz), Lorch (Ruppin), Rotnasen, Rottplatten und Duckantl (Steiermark), das Gäsche (Bayern), Kreschere (Mark), Mooshuhn (Posen).

2
3
1

ZWEITE AUSGABE
Tafel 235
Wasserralle

Tafel VII, 16

Die Wasserralle

Rallus aquaticus L.
Fig. 1 altes Männchen, Fig. 2 Weibchen im Jugendkleid

Die oder der Ralle, gemeiner, schwarzer Ralle, europäische, deutsche Ralle, gemeiner, grosser Wasserralle, Wasserhuhn, langschnäbliges Wasserhuhn, kleines Wasserhühnchen, Aschhuhn, Sammethuhn, Sammethühnlein, Miethhuhn, Rohrhühnlein, Rohrhennele, schwarzer Wassertreter, schwarze Wasserstelze, langschnäbliger Wasserkönig, schwarzer Kasper, grauer, schwarzer Wiesenknarrer, Thauschnarre, Schnepferl (Oberösterreich), Sträb (Oldenburg), Blutschnepfe (Mark), Theermann (Prov. Sachsen).

2
1
3
4

ZWEITE AUSGABE
Tafel 179
Gemeiner Kiebitz

Tafel VIII, 1 (oben)

Der gemeine Kiebitz

Vanellus vanellus (L.)
Fig. 1 Männchen im Frühlingskleid, Fig. 2 Jugendkleid, Fig. 3 Dunenkleid

Kiebitz, Kievitz, Kühbitz, Kywitz, Kiebith, Kibit, Kiwüt, Kiwit, Gibitz, Gyfitz, Gysitz, Ziefitz, Zifitzen, gehäubter Kiebitz, Pardel, Riedstrandläufer, Riedschnepfe, Geissvogel, Feldpfau; hier zu Lande: der Kiewitz.

Tafel VIII, 4 (unten)

Der Mornell-Regenpfeifer

Charadrius morinellus L.
Fig. 2 Männchen im Sommerkleid, Fig. 3 Jugendkleid

Mornell, Morinell, Morinelle, Mornellchen, Mornellkybitz, Steintüter, lappländischer, tatarischer, sibirischer Regenpfeifer, dummer Regenpfeifer, hauptdummer Gybytz, Possenreisser, Citronenvogel, Pomeranzenvogel, Brachvogel, kleine Schwarzbrust, Dütchen, Bierschnepfe, Bergschnepfe, Schneeamsel; bei den hiesigen Jägern: kleiner Brachvogel oder das Düttchen.

Der See-Regenpfeifer

Charadrius alexandrinus L.
Fig. 1 Männchen im Sommerkleid

Weissstirniger, dunkelbrüstiger Regenpfeifer, alexandrinischer Regenpfeifer oder Strandpfeifer.

2
3
1

1
2
3

ZWEITE AUSGABE
Tafel 181
Europäischer Austernfischer

Tafel VIII, 7 (oben)

Der Fluss-Regenpfeifer

Charadrius dubius SCOP.
Fig. 1 Männchen im Sommerkleid, Fig. 2 Weibchen im Sommerkleid, Fig. 3 Jugendkleid

Baltischer, schwarzbindiger, kleiner Regenpfeifer, Strandregenpfeifer, kleiner Strandregenpfeifer, Sandläufer, Sandhühnchen, Griesläufer, Gieshennel, Seelerche, Flussschwalbe, Riegerlin, Sandregerlin, Sandvogel, Tullfiss, Geelfissel.

Tafel VIII, 9 (unten)

Der europäische Austernfischer

Haematopus ostrilegus L.
Fig. 1 altes Männchen im Sommerkleid, Fig. 2 junger Vogel, Fig. 3 Dunenkleid

Gescheckter, rotfüssiger Austernfischer, Austersammler, Austerfresser, Austermann, Austerdieb, Meerelster, Gescheckte Meerelster, Seeelster, Strandelster, Wasserselster, Meerheister, Strandheister, Strandhäster, Heisterschnepfe d. i. Elsterschnepfe, Seeschnepfe, schwarze und weisse Schnepfe.

ZWEITE AUSGABE
Tafel 190
Vielfarbiger Kampfläufer

Tafel VIII, 23

Der vielfarbige Kampfläufer

Philomachus pugnax (L.)

Fig. 1, 2, 3 Männchen im Sommerkleid, Fig. 4 Männchen im Frühlingskleid, Fig. 5 Weibchen im Sommerkleid

Kämpfender Strandläufer, Kampfstrandläufer, Kämpfer, Streitvogel, Streitstrandläufer, Streitschnepfe, Brausekohlschnepfe, Stralschnepfe, Streit-, Kampf-, Brause-, Burr-, Straus- und Bruchhahn, Streit-, Strut-, Koller- und Heidehuhn, Seepfau, Tanzstaube, Hausteufel, Renomist, Krösler, Mönnck, grosser Seevogel, Kludderhahn. Weibchen: Begine, kleiner Seevogel. Junge Vögel: rotgefleckter Strandläufer, Strandläufer von Greenwich, englischer Strandläufer.

4
3
5
2
1
E. de M.

ZWEITE AUSGABE
Tafel 212
Schwarzschwänzige Uferschnepfe

Tafel IX, 10

Die schwarzschwänzige Ufer-Schnepfe

Limosa limosa (L.)

Fig. 1 Männchen im Sommerkleid, Fig. 2 junger Vogel

Grosse Uferschnepfe, Seeschnepfe, Pfuhlschnepfe, gemeine, grösste, rote Pfuhlschnepfe, Geiskopfschnepfe, Geiskopfwasserläufer, roter, dunkelfüssiger Wasserläufer, schwarzschwänziger Sumpfwater, rothalsiger Sumpftreter, schwarzschwänzige, grosse Limose, Lodjoschnepfe, grosse Ostdüte, Greta, Grütta, Storchschnepfe.

Die rostrote Ufer-Schnepfe

Limosa lapponica (L.)

Fig. 4 Sommerkleid, Fig. 4 Jugendkleid

Fuchsrote Uferschnepfe, rostroter Sumpfläufer, rostroter Sumpfwater, kleine rote Uferschnepfe, rote Pfuhlschnepfe, lappländische Schnepfe, lappländischer, roter, rostroter Wasserläufer, rostrote Limose, rotbrüstiges Wasserhuhn, Rotbrust, rote Ostdüte, Geiskopfschnepfe, dickfüssiger Wasserläufer, kleine rotgelbe, graue Uferschnepfe, graue Ostdüte, Gäcker mit aufwärtsgebogenem Schnabel.

4
3
2
1

ZWEITE AUSGABE
Tafel 295
Höcker-Schwan

Tafel IX, 18 (oben)

Der Höcker-Schwan

Cygnus olor (GM.)
Fig. 1 altes Weibchen, Fig. 2 Jugendkleid im Spätherbst

Der Schwan, stummer Schwan, gemeiner Schwan, zahmer Schwan, schwarzstirniger und rotschnäbeliger Schwan, Schwanente, Swoan, Ölb, Ölbs.

Tafel IX, 20 (unten)

Der schwarznasige Schwan

Cygnus Bewickii YARRELL.
Fig. 1 altes Männchen, Fig. 2 altes Weibchen, Fig. 3 Dunenjunges, Fig. 4 Jugendkleid, halbjährig

Kleiner Singschwan, kleiner Schwan, Zwergschwan.

P.M-K.

JHK

ZWEITE AUSGABE
Tafel 290
Zwerg-Gans

Tafel IX, 23 (oben)

Die Zwerg-Gans

Anser erythropus (L.)
Fig. 1 altes Männchen, Fig. 2 junges Weibchen, Fig. 3 erstes Jugendkleid

Kleine Bläss- oder Blässengans, Zwerg-Blässengans, kleinschnäbelige, kurzschnäbelige Gans, Schwalbengans.

Tafel IX, 24 (unten)

Die Blässen-Gans

Anser albifrons (SCOP.)
Fig. 1 altes Männchen, Fig. 2 altes Weibchen, Fig. 3 Jugendkleid

Blässgans, mittlere Blässengans, weissstirnige, mittlere weissstirnige Gans, Lachgans, lachende Gans, polnische Gans, Helsinggans, wilde Nordgans, Kolgans, Trappgans, Seegans, Rootgoos, Schneegans.

ZWEITE AUSGABE
Tafel 291
Weisswangen-Gans

Tafel IX, 27 (oben)

Die Weisswangen-Gans

Branta leucopsis (BECHST.)
Fig. 1 sehr altes Männchen, Fig. 2 altes Weibchen

Weisswangige Gans, weisswangige Meergans, weissköpfige (kleine) Gans, Nonnengans, Baumgans, Seegans, Nordgans, schottische Gans, Brandgans, Bernakelgans, Bernikla, Bernache, Kasarka.

Die Rothals-Gans

Branta ruficollis (PALL.)
Fig. 3 altes Männchen

Rothalsmeergans, Rothals, rotbrüstige Gans, Gans mit dem Halsbande, Spiegelgans, Nordgans, bunte Nordgans, Meernordgans, Mopsgans, Möppelgans, Kasarka, Morskja, Tschackwoi.

Tafel IX, 29 (unten)

Die Brand-Gans

Tadorna tadorna (L.)
Fig. 1 altes Männchen, Fig. 2 altes Weibchen,
Fig. 3 Jugendkleid, Fig. 4 Dunenkleid

Lochente, Höhlenente, Erdente, Bergente, Fuchsente, Krachtente, Wühlente, höckerschnäbelige Fuchsente, Fuchsgans, Wühlgans, Brandgans, Erdgans, Lochgans, Grabgans, Krachtgans, Scheldrack.

ZWEITE AUSGABE
Tafel 303
Knäk-Ente

Tafel X, 4 & 5

Die Knäk-Ente

Anas querquedula L.
Tafel 4: Fig. 1 Männchen im Prachtkleid
Tafel 5: Fig. 1 Männchen im Sommerkleid, Fig. 2 Weibchen

Schnärrente, Halbente, Winter- und Sommer-Halbente, Krieck, Kriech- oder Krückente, Knäkkriekente, Sommerkriekente, Zirzente, Schmielente, Bergente, Bisamente, Scheckente, grosse Trasselente, Rothälslein, bunthalsige Ente, sprenkliche Ente, scheckiges Entlein, Kernell, Sarcelli, Kläfeli, Krüzele; bei den Jägern hiesigen Landes: grosse Krückente oder Knärrente. Halbentlein, Kittelentlein, Weissmergle, Ratscherle.

Die Krick-Ente

Anas crecca L.
Tafel 4: Fig. 2 Männchen im Prachtkleid
Tafel 5: Fig. 3 Männchen im Sommer, Fig. 4 Weibchen

Krickente, Kriekente, Kriechente, kleine Kriek- oder Kriechente, gemeine Kriechente, fränkische Kriechente, Kriechen, Kricke, Krugente, Krugelente, Kleinente, Franzente, Schapsente, Spiegelente, Kreuzente, Bisamente, Schmielente, Murentlein, Sorentlein, Wachtelentchen, Grauentchen, Sommerhalbente, Drossel, Trösel, kleine Trasselente, Socke; bei hiesigen Jägern: kleine Krückente. Birckilchen, Birckilgen, Duckente, Griessantel, Griessanterl, Griesentlein, Halbant'n, Halbente, Halbentle, Halbentlein, Heid-Krick, Karnel, Karnellen, kleine oder schöne Rögerl, kleine wilde Ente, kleine Wildant'n, kleine Krick, Kotantel, Kornelle, Kriechentlein, Krickaen, Krickerl, Krik- oder Krückaent, Krickaant, Krickäntken, Krickiantken, Krüzele, Kugelente, Mergle, Schwarzmergle, Pfeiferle, kleine wilde Pille, wilde Pille, Ratscher, Ratscherl, Regerl, Rögerl, Scharente, Schnarrente, Stockentlein, Trassel, kleines Trässele, Uart, Wöcke, Zwergente.

Die sichelflügelige Ente

Anas falcata GEORGI.
Tafel 4: Fig 3 Männchen im Prachtkleid

ZWEITE AUSGABE
Tafel 322
Eider-Ente (1)
Pracht-Ente (2)

Tafel X, 20 (oben)

Die Eider-Ente

Somateria mollissima (L.)
Fig. 3 altes Männchen

Eidergans, Eidergansente, Eidervogel, Eider, Eydergansente, Eddergans, Ädarvogel, St. Kuthbertsente, St. Cubertsente, grosse, weisse und schwarze Ente, russische Ente.

Die Pracht-Eiderente

Somateria spectabilis (L.)
Fig. 1 & 2 altes Männchen

Prachteiderente, Prachteidergans, Königsente, Königsgans, Königseidergans, Königseiderente, buckelschnäbeliger Eidervogel, kurzschnäbelige Eiderente.

Tafel X, 26 (unten)

Die Ruder-Ente

Erismatura leucocephala (SCOP.)
Fig. 1 Männchen im Prachtkleid, Fig. 2 altes Weibchen, Fig. 3 Dunenkleid

Weissköpfige Ente, Kupferente, blauschnäbelige Ente, Fasanente, Dornschwanzente, uralische Ente, Seeente.

Tafel X, 28 & 29

Der grosse Säger

Mergus merganser L.
Tafel 28: Fig. 1. Weibchen
Tafel 29: Fig. 1. Junges Männchen im Sommer

Gemeiner Säger, Gänsesäger, Gänsesägertaucher, Ganstaucher, Tauchergans, Tauchgans, Tauchersäge, Seerachen, grosser Seerachen (Sägerrachen), Meerrachen, grosse, gemeine Tauchente, grosse Sägeente, langschnäbelige Halbente, grosse Eisente, grosser, gezackter Taucher, Strausstaucher, grosser Kobeltaucher, Taucherkiebitz, Kneifer, gezopfter Kneifer, Kariffer, Kuriffer, Merch, Winternörks, Ganner, Seerabe, Schnarrgans, Bottervogel, Scheldracke; die Weibchen und Jungen: rotköpfige Tauchergans, rotköpfige Stechente, Bieberente, Biebertaucher, kastanienbrauner Taucher, Haubentaucher, Äschente, braunköpfige Halbente, braunköpfiger Tiger, Vielfrass, Seekatz, Seegeiss, Muschelkönig, Baumgans, Baumente, Sägegans, Sägerente.

Der mittlere Säger

Mergus serrator L.
Tafel 28: Fig. 2 Weibchen
Tafel 29: Fig. 2 altes Männchen im Sommer

Langschnäbeliger Säger, gemeiner, gezopfter, rotbrüstiger Säger, wahrer Sägetaucher, Sägeente, Sägeschnäbler, Stechente, Tauchente, mittlere, rotbrüstige Tauchente, Tauchergans, Taucherkiebitz, langschnäbelige Halbente, grosse gescheckte Ente, Meerrachen, gezopfter, bunter, schwarzer, braunköpfiger Meerrachen, Seerachen, gemeiner, langschnäbeliger Seerachen, weisslicher Taucher, grosser oder grösserer rotbrüstiger Taucher, Schlichente, Schluchente, Langschnabel, gezopfter Kneifer, Fischtreiber, Nörks, Scharbeje, Seekatz, Spiesser, Spiessente.

Der kleine Säger

Mergus albellus L.
Tafel 29: Fig. 3 Männchen im Sommerkleid
Tafel 28: Fig. 3 altes Weibchen

Weisser Säger, kleiner weisser, weissköpfiger Säger, kleiner, weisser Sägetaucher, kleine, weisse, gefleckte ungarische Tauchente, Meventaucher, Elstertaucher, Eistaucher, Rheintaucher, Stassburger Taucher, Merch, kleiner Mercher, Merchente, Scheckente, Kreuzente, Sternente, Rheinente, Winterente, Eisente, niederländisches Entchen, Wasserentchen, Wieselentchen, Elsterentchen, Nonnenentchen, die weisse Nonne, Nonnelli, geschecktes Entlin, Eisentli, Rheinentli, Mevendücker, Pfeilschwanz, Weisszopf, Wieselkopf, Elstersäger.

ZWEITE AUSGABE
Tafel 282
Gemeiner Pelikan

Tafel XI, 1 (oben)

Der gemeine Pelikan

Pelecanus onocrotalus L.
altes Männchen im Prachtkleid

Pelekan oder Pelikan, grosser Pelekan, Riesenpelekan, Kropfpelekan, Kropfvogel, Kropfgans, Beutelgans, Sackgans, Löffelgans, Meergans, Seegans, Schneegans, Schwanentaucher, Vielfrass, Wasservielfrass, Nimmersatt, Onvogel, Ohnvogel, Eselschreier, Vogelheine oder Vogel Haine.

Tafel XI, 4 (unten)

Der Bass-Tölpel

Sula bassana (L.)
Fig. 1 altes Männchen, Fig. 2 junges Weibchen, Fig. 3 Nestkleid

Tölpel vom Bass, Tölpel von Bassan, bassanscher Tölpel, weisser Tölpel, Bassaner, Bassaner-Pelikan, bassanischer Pelikan, Bassaner-Gans, schottische Gans, Schotten-Gans, Soland- oder Solend-Gans, Solend, Gannet, Bassaner-Gannet, weisse Sule, weisser Seerabe, Rotgans.

ZWEITE AUSGABE
Tafel 279
Kormoran-Scharbe

Tafel XI, 5 & 7

Die Kormoran-Scharbe

Phalacrocorax carbo (L.)
Tafel 5: Fig. 1 Männchen im Prachtkleid
Tafel 7: Fig. 1 Jugendkleid

Eisscharbe, Baumscharbe, Kormoran, Kormoran-Pelikan, schwarzer Pelikan, kohlschwarzer Pelikan, Pelikan oder Pelekan, Wasserrabe, schwarzer Wasserrabe, Seerabe, grosser Seerabe, grosser schwarzer Seerabe, See-Wasserrabe, schwarzer Gänstaucher, Haldenente, der oder die Scharbe oder der Scharb, Skalver, Skaluer, Scholver, Schulver, Schuluer, Skalucher, Schalucher, Schaluchhorn, Stolucherez, Schlucker, Vielfrass, Bisamvogel, Feuchtarsch, Morfex, Ahlkreye, Schlucker.

Die Krähen-Scharbe

Phalacrocorax graculus (L.)
Tafel 5: Fig. 2 altes Weibchen im Prachtkleid
Tafel 7: Fig. 2 Jugendkleid

Gehaubte Scharbe, Haubenscharbe, grüne Scharbe, kurzschwänzige Scharbe, kleiner Kormoran, grüner Kormoran, Krähen-Pelikan, Raben-Pelikan, Wasserrabe, gemeiner Wasserrabe, See-Wasserrabe, Wasserkrähe, Seekrähe, Schwimmkrähe, Seehäher, brauner Ganstaucher, Kropftaucher, Kropfente, Sackente, Schlucker, Skarv.

Die Zwerg-Scharbe

Phalacrocorax pygmaeus (PALL.)
Tafel 5: Fig. 3. Männchen im Prachtkleid
Tafel 7: Fig. 3 erstes oder eigentliches Jugendkleid

Kleine Scharbe, Zwerg-Wasserrabe, Zwergkormoran, europäische Zwergscharbe.

ZWEITE AUSGABE
Tafel 256
Schwarze Seeschwalbe

Tafel XI, 8 & 9

Die schwarze Seeschwalbe

Hydrochelidon nigra (L.)
Tafel 8: Fig. 3 Weibchen im Sommerkleid, Fig. 4 Männchen im Sommerkleid
Tafel 9: Fig. 4 Winterkleid

Kleine schwarze Seeschwalbe, schwarze, schwarzkehlige, spaltfüssige Meerschwalbe, schwarze, schwärzliche, dunkle Wasserschwalbe, schwarze Schwalbenmöve, Amselmöve, schwarze Möve, Kleinmövchen, kleinste Möve, klein Mübesslin, Spaltfuss, Brandvogel, Maivogel, Maivögelchen, Blaubacker, swarte Bicker.

Die weissbärtige Seeschwalbe

Hydrochelidon hybrida (PALL.)
Tafel 8: Fig. 2 Sommerkleid
Tafel 9: Fig. 2 Winterkleid

Schnurrbärtige Meer- oder Seeschwalbe, schnurrbärtige Wasserschwalbe, bleigraue Seeschwalbe.

Die weissflügelige Seeschwalbe

Hydrochelidon fissipes (PALL.)
Tafel 8: Fig. 1 Sommerkleid
Tafel 9: Fig. 1 Winterkleid, Fig. 3 Übergangskleid

Weissschwingige, weissflügelige, schwarzrückige, schwarze See- oder Meerschwalbe, weissschwingige Wasserschwalbe.

ZWEITE AUSGABE
Tafel 252
Fluss-Meerschwalbe

Tafel XI, 11 & 12

Die Fluss-Seeschwalbe

Sterna hirundo L.
Tafel 11: Fig. 1 altes Männchen im Sommerkleid
Tafel 12: Fig. 4 Winterkleid

Gemeine, grosse, rotfüssige, aschgraue, schwarzköpfige, schwarzplattige, europäische Meer- oder Seeschwalbe, grosse Seeschwalbe mit gespaltenem Schwanz, schwarzplattige, gemeine Schwalbenmöve, kleinere Möve, kleine Fischmöve, Fischmeive, Fischmeise, grauer Fischer, Rohrmöve, Rohrschwalm, Schwarzkopf, Spirer, Schnirring, Tänner, Kirre, Pinkmeev, Bicker und Backer in Nordfriesland für alle Seeschwalben, Kasteen.

Die Küsten-Seeschwalbe

Sterna macrura NAUM.
Tafel 11: Fig.2 Männchen im Sommerkleid
Tafel 12: Fig. 3 Weibchen im Sommerkleid

Arktische, nordische, langschwänzige, silberfarbene, silbergraue Meer- oder Seeschwalbe, Böspicker, Kirren, Backer.

Die Zwerg-Meerschwalbe

Sterna minuta L.
Tafel 11: Fig. 4 Männchen im Sommerkleid, Fig. 5 Weibchen im Sommerkleid
Tafel 12: Fig. 1, 2 Männchen im Winterkleid

Kleine See- oder Meerschwalbe, kleine Schwalbenmöve, kleinste Möve, kleinste Fischmöve, zweifarbige Möve, spaltfüssige, pommersche, dänische Zwergseeschwalbe, kleiner Fischer, Fischerlein, Steenbicker, lütje Backer, Plitik, Schirtmöve.

Die Dougalls Seeschwalbe

Sterna Dougalli MONTAGU.
Tafel 11: Fig. 3 altes Männchen im Sommerkleid

Die Dougallsche Meer- oder Seeschwalbe, Paradiesmeerschwalbe.

1/2 natürl. Grösse

ZWEITE AUSGABE
Tafel 260
Lach-Meve

Tafel XI, 18 & 20

Die Lach-Möve

Larus ridibundus L.
Tafel 18: Fig. 2 Männchen im ausgefärbten Sommerkleid, Fig. 3 erstes Sommerkleid
Tafel 20: Fig. 2 Jugendkleid, Fig. 3 Dunenkleid

Grosse, gemeine, rotfüssige, braunköpfige, schwarzköpfige Lachmöve, graue Möve mit dem Mohrenkopf (schwarzköpfige Möve), Braunkopf, Mohrenkopf, Swartkopp, Rotschnabel mit schwarzem (oder braunem) Kopf, Rotbein, Pfaff, Lachschwalbenmöve, Hutschwalbenmöve, Hutmöve, Kapuzinermöve, grosse, rotköpfige Seeschwalbe oder Seeschwalm, Seemöve, Fischmöve, aschgraue Fischmöve, Speckmöve, Seekrähe, grosse Seekrähe, graue, gemeine graue, weissgraue, grosse graue, kleinere graue, kleine aschgraue, kleine graue, kleine bunte, kleine, kleinere Möve, Holbrod, Gyritz; in hiesiger Gegend gewöhnlich Seekrähe.

Die Zwerg-Möve

Larus minutus PALLAS.
Tafel 18: Fig. 1 Männchen im Sommerkleid
Tafel 20: Fig. 1 Jugendkleid

Zwergschwalbenmöve, kleine Möve.

Die Schwarzkopf-Möve

Larus melanocephalus NATTERER.
Tafel 18: Fig. 4 Sommerkleid
Tafel 20: Fig. 4 Jugendkleid

Die schwarzköpfige Möve.

3
4
2
1
1/2 natürl. Grösse.

2
3
E. de M.

ZWEITE AUSGABE
Tafel 276
Eis-Mövensturmvogel

Tafel XII, 3 (oben)

Der Eis-Mövensturmvogel

Fulmarus glacialis (L.)
Altes Männchen im Frühling

Eissturmvogel, Wintersturmvogel, Fulmar, Fulmarsturmvogel, Mallemucke, Seepferd.

Tafel XII, 7 (unten)

Der grosse Lappentaucher

Colymbus cristatus L.
Fig. 1 altes Männchen im Sommerkleid, Fig. 2 altes Weibchen im Sommerkleid, Fig. 3 Jugendkleid, Fig. 4 Nestkleid

Gehaubter, grosshaubiger Steissfuss, grosser Haubensteissfuss, grosser Arschfuss, grosser Haubentaucher, grosser Kragentaucher, grosser gehaubter, bekappter, gehörnter Taucher, Taucher mit dem Schopf, grosser Taucher mit braungelbem Kiebitzschopf, grosser Kobeltaucher, Strausstaucher, Kappentaucher, Erztaucher, grosskappiger, gehörnter Seehahn, Seedrache, Seeteufel, Meerhase, Meerrachen, Schlaghahn, Blitzvogel, Fluder, Noricke, Nericke, Merch, Work, Works, Lorch, Zorch, Rug, Rurch, Deuchel, Düchel, Rheindüchel, Tuuker, Greve, Ötzer, Spiessgans, Rohatsch, Krontaucher, Langhans, Slaghan; bei hiesigen Jägern: Kronentaucher.

Tafel XII, 13 & 14

Der Polar-Seetaucher

Gavia arctica (L.)

Tafel 13: Fig. 1 Männchen im Prachtkleid

Tafel 14: Fig. 1 Männchen im Winterkleid

Polartaucher, grosser, mittlerer Polartaucher, Polarente, Polarhalbente, Polarlumme, Meertaucher, grosser Seetaucher, schwarzkehliger Seetaucher, schwarzkehliger Taucher, Ostseetaucher, kleiner Taucher aus der Nordsee, grosser nördlicher Taucher, amerikanischer Taucher, Seehahntaucher, Seehahn, Seebull, Sturmvogel, bunte Tauchente, schwarzkehlige Taucherente, gestreifte Halbente, Lumme, Lumb, Lumpe, Lomme, schwarz- und weissgesprenkelter Lom, doppelter Schrömer, Aalraw, weisszehiger, unbekannter Taucher.

Der Nord-Seetaucher

Gavia lumme GUNN.

Tafel 13: Fig. 4. Männchen im Prachtkleid

Tafel 14: Fig. 8 Weibchen im Jugendkleid

Nördlicher Taucher, mitternächtlicher Taucher, rothalsiger Taucher, rotkehliger Taucher, Meertaucher, rotkehliger, rothalsiger Seetaucher, rotkehliger Ententaucher, Lom, Lumme, rothalsiger Lumme, Taucherrotkehlchen, Seerotkehlchen, Halbente mit schwarzem Schnabel, Schremd. Jung oder im Sommerkleid: gesprenkelter Taucher, gesprenkelter Seetaucher, kleiner Meertaucher, gesprenkelte, gefleckte, grösste Taucherente, Sternlumme, grösste, hinkende Halbente, Spiessgans, Aalscholwer, Aalaschorwel.

Der westliche Eis-Seetaucher

Gavia torquata (BRÜNN.)

Tafel 13: Fig. 2 Männchen im Prachtkleid

Tafel 14: Fig. 2 Männchen im Winterkleid

Eisseetaucher, Eistaucher, isländischer Eistaucher, Wintertaucher, Polartaucher, grosser Taucher, grosser nordischer Taucher, Riesentaucher, Seetaucher mit dem Halsband, Meertaucher, schwarzhalsiger, schwarzköpfiger Seetaucher, grosse Halbente, Meergans, Meernöhring, Seehahn, Hymber, Himbrine, Lumme. Jung und im Sommerkleid: Imber, Imberseetaucher, Imbergans, Immer, Immertaucher, Immerlumme, grosser Meertaucher, grosser Rheintaucher, Fluder, Flunder, Seeflunder, grosser Seeflunder, Adventsvogel, Schnurrgans, Studer.

Der östliche Eis-Seetaucher

Gavia Adamsi (GRAY.)

Tafel 13: Fig. 3 altes Männchen

ZWEITE AUSGABE
Tafel 335
Arktischer Lund

Tafel XII, 15 (oben)

Der Tord-Alk

Alca torda L.
Fig. 1 Männchen im Hochzeitskleid, Fig. 2 Nestkleid

Klubulk, Eisalk, Alk, Alike, Papageitaucher, Tord-Papageitaucher, Eis-Papageitaucher, nordischer, baltischer, schermesserschnäbeliger Papageitaucher, krummschnäbelige Polarente, Scherschnabel, Schermesserschnäbler, Wasserschnabel; jung: Elster- oder Heister-Alk, einfurchiger Alk.

Der kleine Krabbentaucher

Mergulus alle (L.)
Fig. 3 Männchen im Hochzeitskleid

Zwerg-Krabbentaucher, Eis-Krabbentaucher, kleine Krabbenlumme, kleine Lumme, kleine Alkenlumme, kleiner Alk, kleiner nordischer Alk, kleiner grönländischer Alk, kleiner Papageitaucher, kleiner schwarz und weisser Taucher, kleine Seetaube, kleine grönländische Taube, Eisvogel, Trollvogel, Rotter, Rotges, Murre, Peder Drikker, d. i. Peter der Trinker.

Tafel XII, 21 (unten)

Der arktische Lund

Fratercula arctica (L.)
altes Männchen

Der Lund oder die Lunda, Lundvogel, Lunne, Larventaucher, graukehliger, europäischer, nordischer Larventaucher, Alk, graukehliger, gemeiner, arktischer, nordischer Alk, Alike, Papageitaucher, gemeiner, graukehliger Papageitaucher, Seepapagei, Puffin, Schermesserschnabel, Wasserscherschnabel, Pflugscharnase, Buttelnase, Stumpfnase, Larve, nordischer Taucher, Polarente, Seeelster, Weissback, Goldkopf, das Brüderchen, der Mönch.

natürl. Grösse.

Register der Arten

Das Register verzeichnet alle vorkommenden Vogelarten in ihren originalen Benennungen und Schreibweisen sowie deren aktuelle deutsche Namen, die (falls deutlich abweichend) *kursiv* gesetzt sind. Letztere stammen aus: Bartel, P.H. & T. Krüger (2018), *Artenliste der Vögel Deutschlands. Vogelwarte 56: 171–203* sowie Bartel, P.H. & T. Krüger (2018), *Aktualisierung und Änderungen. Vogelwarte 56: 205–224.* Die wenigen dort nicht aufgeführten Artnamen stammen aus: Gill, F. & D. Donsker, *World Bird List*, online unter http://www.worldbirdnames.org. Mithilfe des abgedruckten Barcodes kann auf eine Konkordanz zugegriffen werden, die einen detaillierten Nachweis zu den abgebildeten Kupferstichen und Lithografien sowie zu den wissenschaftlichen Bezeichnungen der zweiten und dritten Ausgabe und den heutigen Entsprechungen liefert.

Der Waldrapp
Bd. XII, Tafel 20

Naturgeschichte
der
Vögel Deutschlands
von J. A. Naumann
Erster Theil
Leipzig, bei Gerhard Fleischer.
1820.
Johann Andreas Naumann
Naturgeschichte der Vögel Deutschlands
1

Die Autoren

Klaus Nottmeyer, geboren 1959 in Bonn, studierte Biologie, Deutsch und Sozialwissenschaften in Bonn und Bielefeld. Er arbeitete zunächst als Lehrer und wissenschaftlicher Mitarbeiter im Bereich Umweltbildung; seit 1993 ist er Leiter der Biologischen Station Ravensberg im Kreis Herford. Er lehrte an mehreren Fachhochschulen, ist 1. Vorsitzender der „Nordrheinwestfälischen Ornithologengesellschaft", Mitglied im Vorstand des „Dachverbands Deutscher Avifaunisten" und Redaktionsmitglied in der Zeitschrift *Die Vogelwelt*. 2005 erhielt er von der „Deutschen Bundesstiftung Umwelt" und dem ZDF den „MUNA-Preis" im Bereich „Innovation" für den Ornithologen-Wettbewerb „Birdrace in Deutschland". Als Autor verfasste er Bücher zu den Vögel Bielefelds und Westfalens, arbeitet seit 1998 an der „Roten Liste der Vögel Nordrhein-Westfalens" mit und veröffentlichte zahlreiche Beiträge zum praktischen Naturschutz und auch zur Vogelmalerei.

Paul Schnitzler, geboren 1960 bei Köln, war bereits als Kind tierbegeistert. Nach seinem Studium der Biologie mit Schwerpunkt Zoologie an der Universität Köln arbeitete er zunächst beim „Deutschen Bund für Vogelschutz" Leverkusen (heute NABU), bevor er 1990 zur Biologischen Station im Kreis Wesel wechselte. Dort liegen seine zoologischen Arbeitsschwerpunkte bei Vögeln und Fledermäusen. Für den vorliegenden Band war er als ornithologischer Berater tätig und unterstützte fachkundig die Auswahl der Vogel-Tafeln.

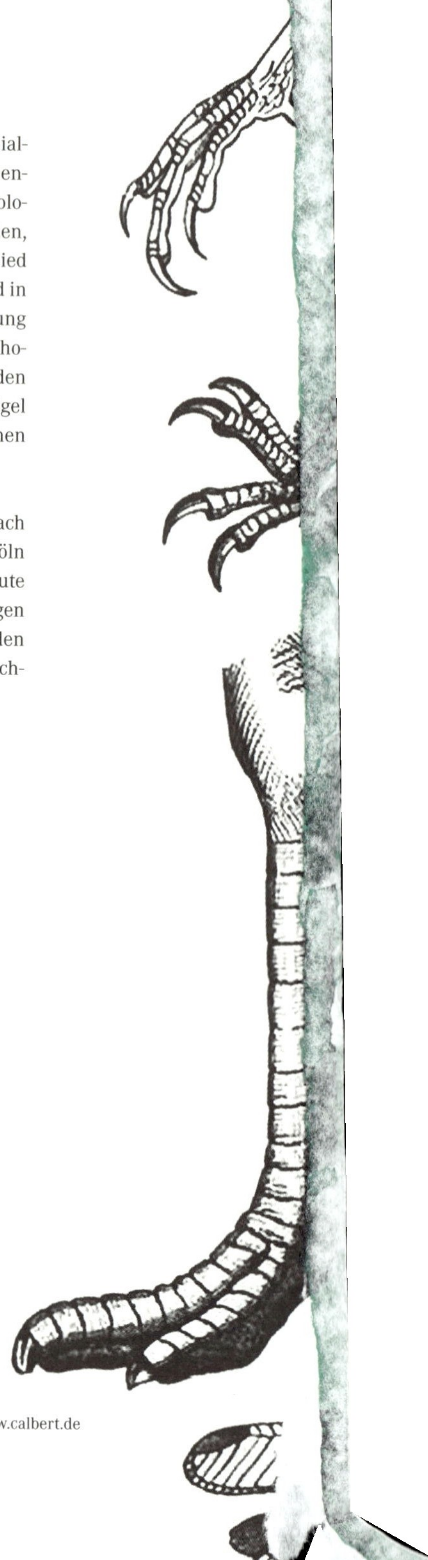

Impressum

ISBN 978-3-96849-200-1
Umschlagabbildung: Buch-Fink / Berg-Fink / Distel-Zeisig, Bd. III, Tafel 39
Abbildung Seite 2: Grün-Specht, Bd. IV, Tafel 29

Es erscheint eine großformatige, handgebundene Vorzugsausgabe mit der
ISBN 978-3-96849-009-0
Erhältlich direkt beim Verlag.

Die Favoritenpresse legt großen Wert auf nachhaltige und ressourcenschonende Buchproduktion. Unsere Bücher werden alle innerhalb der Europäischen Union gedruckt und sind nicht einzeln eingeschweißt.

Die **Digitalisierung** erfolgte durch Fines Mundi GmbH, www.fines-mundi.de

Konzept und Redaktion Juliane Steinbrecher, Köln
Ornithologische Beratung Paul Schnitzler, Bergheim
Gestaltung Büro für grafische Angelegenheiten, www.b-f-g-a.de; Nachauflage: Christin Albert, www.calbert.de
Druck vermittelt durch feingedruckt-Michael Luthe, www.feingedruckt.de

Information zum Verlagsprogramm, www.favoritenpresse.de

FSC
www.fsc.org
MIX
Paper | Supporting responsible forestry
FSC® C106236

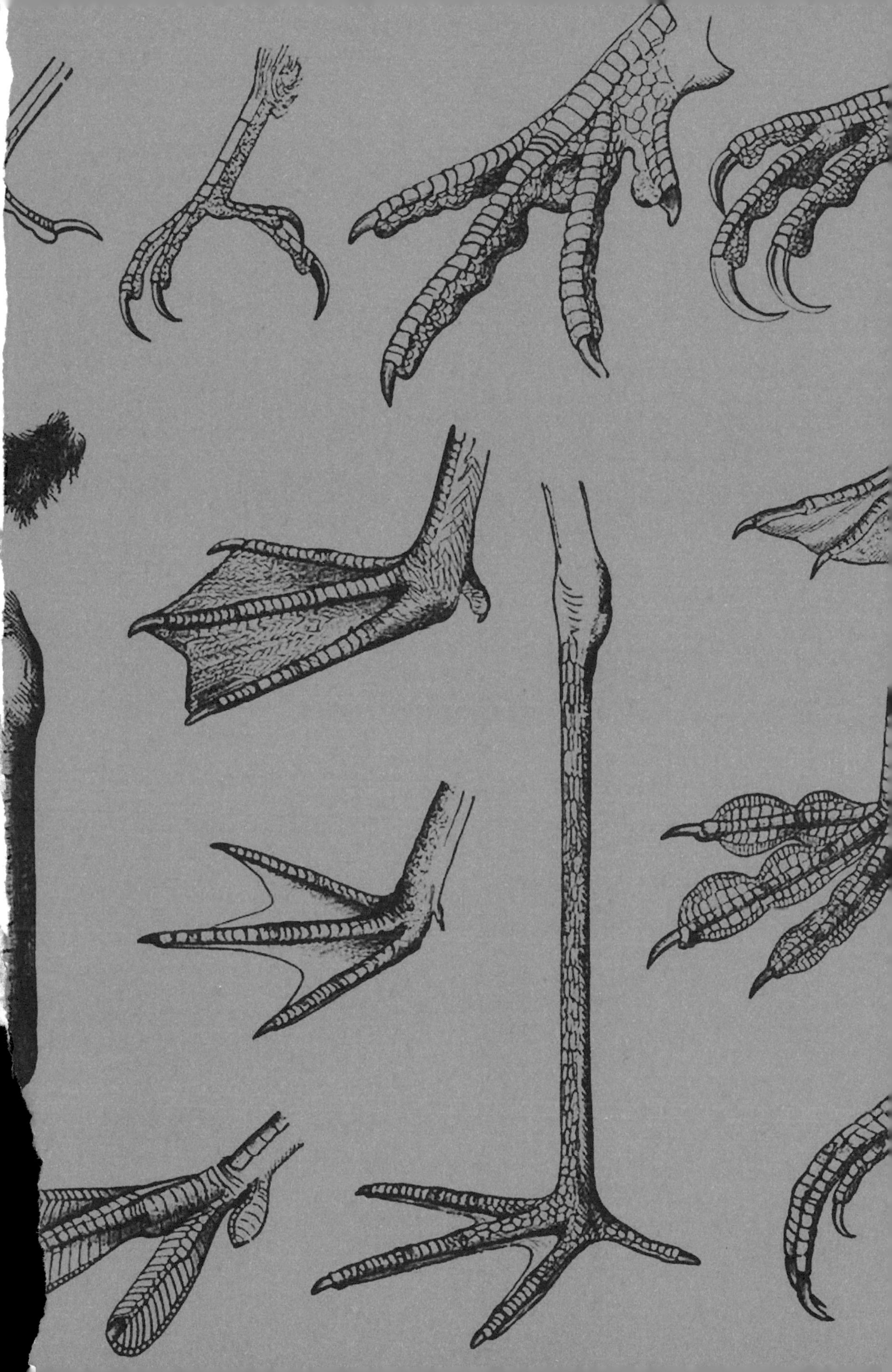

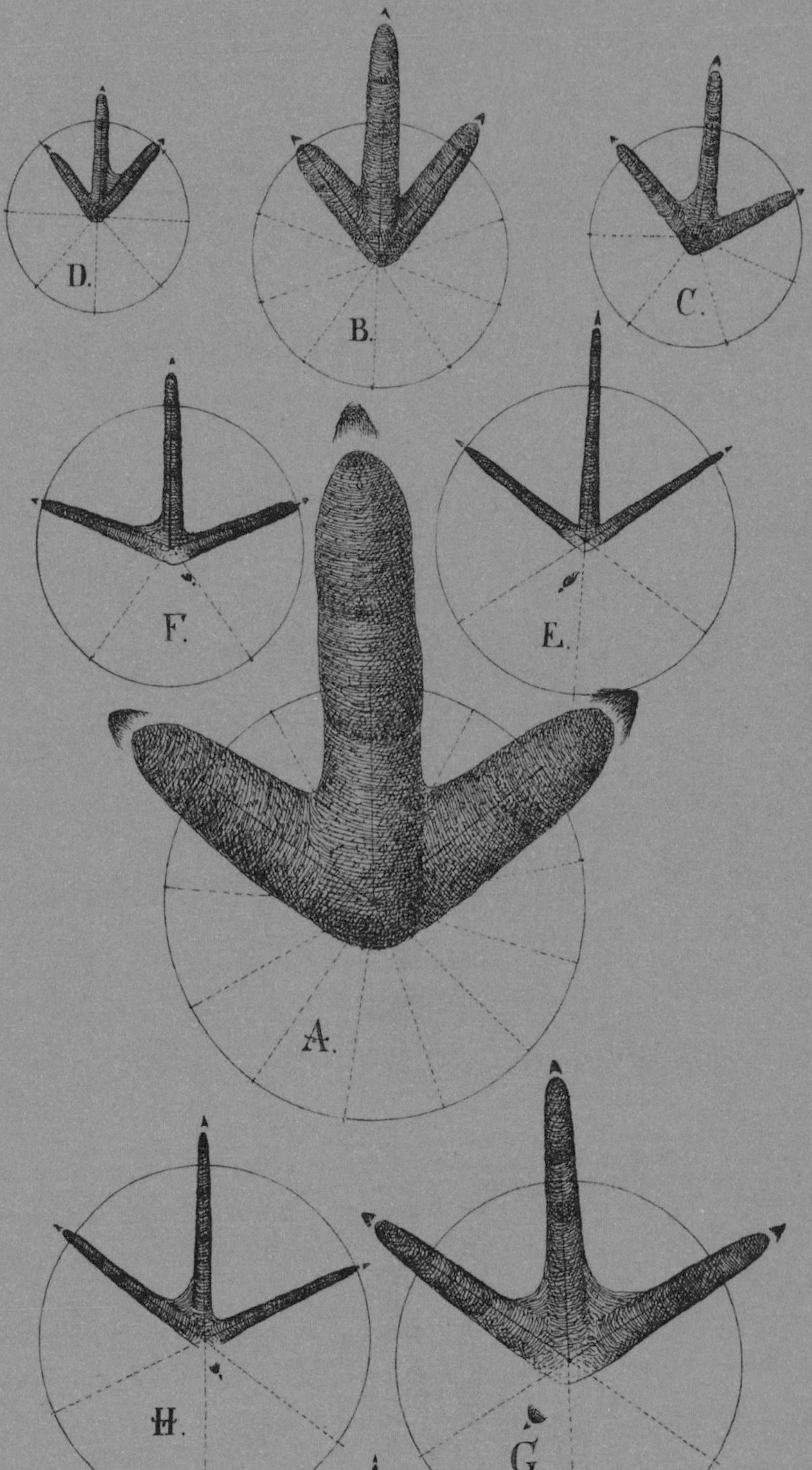

Fussspuren.